U0347927

【时代划分】

*本书遵照美术史上的一般做法来划分时代，如下文所示。

江户时代前期……一六〇三至一六八八年（庆长、宽永、宽文、明历、延宝、天和年间）*一六〇三至一六四四年为江户初期

江户时代中期……一六八八至一七八九年（元禄、享保、宝历、明和、安永年间）

江户时代后期……一七八九至一八六七年（宽政、文化、文政、天保、嘉永年间）*一八五四至一八六六年为幕末（安政、万延、文久、元治、庆应年间）

【用语解说】

◉地名

江户【江戸】——东京的旧称。江户幕府所在地。常与上方相比较而并论。

上方【上方】——指包括京都、大坂（江户时代写作『大坂』）在内的近畿地区。

京坂【京坂】——京都与大坂，将京都的『京』与大坂的『坂』组合而成的称呼。

◉和服

小袖【小袖】——现代和服的原型。与广袖相对，指窄袖口的和服。原本是平民的实用服装，后来公家的人用来当衬衣穿，直到镰仓时代，武家开始把小袖当外衣穿着，使小袖得以普及。

中衣【中着】——多件小袖叠穿时，穿在中间的衣服。

裲裆【打掛】——套在和服最外层的小袖。在室町时代是武家女性的礼服，后来成了公家日常的装束。江户时代时，裲裆是富裕人家婚礼时穿的礼服，也是游女在正式场合的着装。

薄织物【薄物】——用纱、罗等材料制成的轻薄纺织品。用于盛夏时节穿着的衣服等。

单衣【単衣】——不加衬里的和服。

汤文字【湯文字】——女性贴身内衣，也称腰卷。

◉发型

发髻【髷】——将头发束起后折回或卷曲的部分。

发包【髱】——脑后到领口之间的头发突出的部分。在京坂地区，不称『髱』，称『苞』。

鬓发【鬢】——头左右侧面，耳边的头发。

◉人物

若众【若衆】——年轻人、美少年。

侠客【侠客】——侠义处世、锄强扶弱之人。

町奴【町奴】——身着华丽服装、市民出身的侠客。

男伊达【男伊達】——与前两者同义。把男子汉的面子放在第一位的人。

女伊达【女伊達】——行为举止与男伊达一般的女性。

显摆【伊達】——展示自己帅气的样子；打扮华丽、装门面。

侠义【勇み肌】——抑强扶弱的性格。

风流人士【粋人】——爱好风流、风雅者。

花街行家【通人】——原指精通某事物的人。特指精通花柳街之道的人。

伊达虚无僧【伊達虚無僧】——普通虚无僧的装扮是斗笠与佩刀，为了追求时尚而模仿虚无僧打扮，就叫做『伊达虚无僧』。标志性装扮是头戴称为『天盖』的深斗笠，手持尺八。

艺伎【芸妓】——通过跳舞、唱歌、弹奏乐器来招待客人的女性。在江户也叫『芸者』。

色子【色子】——指歌舞伎少年役者。也称『舞台子』。

阴间【陰間】——原指歌舞伎少年役者中尚无资格登台者。

花魁【花魁】——吉原最高级的游女。

见习新造【引込新造】——吉原游女中备受瞩目的重点新人。

学徒少女【禿】——在吉原侍奉游女前辈的少女。

花街人士【粋筋】——在花街卖艺维生的人。

仆役【小者】——身份低微，供差遣的人。

消防员【火消】——江户时代的消防队员。灭火的男人们。也称『火消人足』『鳶職』(架子工)。

船夫【船人】——船夫，船员。

人力车夫【車力】——拉车运送货物的人。

从事正经职业的人【堅気】——从事正经职业的规矩人。

较年长的人【年増】——指已过了妙龄的人。

江户时尚图鉴

[日]抚子凛 著
张子祎 译

四川美术出版社

目录

*本书中收录了多幅三代目歌川丰国继承歌川国贞名号后创作的作品，为了便于理解，都统一为『歌川国贞』所作。

写在前面

本书整理汇总了根据浮世绘创作的时装插画，是详尽易懂的江户时代服饰文化资料集。内容包括以『江户造型手册』为题在社交网络和同人志上发表过的作品，以及新画的单幅图和实用的插画资料。

经常有人问我：画江户的和服时应该参考什么好？我可以非常肯定地说，答案是『看浮世绘』。不过，如果按原样使用浮世绘里的东西，可能会有一些难以理解的地方。因此，我特意将它们更新成现代风格的图画，以便让现代人更容易理解。虽然在有些地方对色彩进行了调整、补充修正了平衡性，但基本上是忠实于原本的画作的。一并附上出处参考，请一定要对比看看，说不定会有新的发现。

先人的智慧、创意、技术、设计……江户的和服多么丰富，哪怕能传达出一点点，我也感到很满足了。

抚子凛

第一章

街市上的人们

城镇少女

江户时代中期

明和年间（一七六四至一七七二年）的城镇少女。

粉色的振袖，图案是铁线莲
上翘的鹡鸰式发包搭配岛田髻，叫作『春信风岛田髻』，非常流行（▼30页）
为了不弄脏衣摆，将和服夹在腰带之间，以提起衣摆
从袖子内侧的开口伸出右手
浅蓝色的中衣①，图案是青海波

①中衣：外和服与内和服之间的一层和服。

少年

江户时代中期

这些年轻人的打扮深受当时女性的欢迎，大家竞相模仿。

带斑纹的发梳（▼70页）
光洁的鹡鸰式发包搭配若众髻（▼34页）
条纹羽织
黑底上饰有竹叶和梅花图案的腰带
梅花图案的小袖

 ❖出自宫川一笑《清水堂少女跳下图》

花街行家

江户时代后期

宽政年间的花街行家。羽织和小袖的花色统一，是最潇洒的装束。

头巾成为男性的头饰而盛行，虽具有防寒、防尘、避人眼目等用途，但是，为了预防犯罪，幕府也常常下令禁止佩戴。其种类多样。

黑色绉纱头巾
烟草袋（▼38页）
朴素的和服搭配明亮艳丽的腰带是时尚
当时流行的长羽织
饰有碎花的中衣（▼6页）

出自歌川丰国《吉原大门内花魁道中图》

城镇少女

江户时代中期

拿着板羽球毽和拍子、着新年盛装的富商家小姐。

海鸥式发包[①]搭配胜山髻（▼30页、136页）

作为新年盛装，饰有豪华的平金[②]纹样的振袖

绑成单结的腰带（初期至中期时，男女都使用细带，因此也有男女通用的绑法）（▼35页）

花纹是竹叶搭配圆胖的麻雀

①发包：把发包说成“たぼ”是江户的叫法，上方（以京坂为中心的近畿地区）称为“つと”，不过后来普遍称为“かもめづと”（海鸥式发包）。

②平金：用刺绣和金箔、银箔表现纹样。

❖出自奥村政信《二美人图》

城镇少女

江户时代后期

正月里玩板羽球毽的大小姐。

天明至宽政年间流行的灯笼式鬓发搭配岛田髻（▶30、31页）

条纹图案的腰带

点缀着孔雀羽毛图案的振袖尽显奢华

出自矶田湖龙斋《羽毛毽图》

少年

江户时代后期

元旦来看新年日出的年轻人，穿着长雨披御寒。

到了江户后期，少年的发型上发包消失了，顶髻根部束高，顶髻本身有变大的倾向。

若众髻（▼34页）
紫色格纹的长雨披（▼98页）
烟草袋（▼38页）
方格和竹叶花纹的小袖
多层草履

❖出自歌川国贞《二见浦新年日出》

少年

江户时代后期

在正月卯日来参拜的少年。

卯神符
正月卯日①龟户天神的妙义社赐予的神符
黑色头巾缠在领口
以红色为跳色的漂亮腰带
条纹的小袖和羽织
股引

①正月卯日：菅原道真的佛教老师——比叡山延历寺的僧侣法性坊尊意，是在卯日卯刻去世的，因此成了卯之神，从而有了初卯祭。

出自胜川春潮《桥上往来》

消防队员

江户时代后期

侠义威风的消防队大哥。潇洒的侠客装扮。
消防队员是江户时代最受欢迎的男性的代表！

一字包头巾
纹身
弁庆格纹的小袖（▼37页）
麻叶图案的红色腰带
钉拔纹连排图案的细筒裤

❖出自《江户风俗图卷》

伊达虚无僧

江户时代中期

正德五年（一七一五年），二代目团十郎在中村座扮演了打扮成虚无僧的曾我五郎，于是这种装扮在江户人之间流行起来，『伊达虚无僧』曾一度盛行。

系在身前的大尺寸圆绦带（填充棉芯，制成棍状的腰带）
天盖（深斗笠）
黑袈裟①
尺八
助六（歌舞伎里的角色）把尺八插在腰间也是来源于此
观世水花纹（▼103页）

出自菊川英山《女虚无僧》

①袈裟：佛教僧侣的衣服。

城镇女孩

江户时代后期

年轻姑娘的外出服装。

将手巾包成大姐式
描绘有兔子的腰带。兔子和木贼草是经典搭配
因为腰带很重，用细绦带固定
防止衣摆被拖脏，用捋腰带掖起来
格纹小袖
光琳风的千鸟图案衬里

❖出自歌川国安《东都名所之洲崎赶海》

城镇女孩

江户时代后期

八丈岛特产的真丝织物『黄八丈』在今天也为人所熟知。直到江户中期，黄八丈都是仅供上级武士穿着使用的贡品。到了后期，因为歌舞伎『恋娘昔八丈』的女主角阿驹穿了，从而在年轻女孩之间盛行起来。

深绿色的御高祖头巾，方形的布头罩
用手巾系起
黄八丈图案的小袖
捋腰带（▼15页）
昼夜带（面和底使用不同布料的腰带）
梅花图案的中衣（▼6页）

出自歌川国贞《江户名所 百人美女 洲崎》

城镇女孩

江户时代后期

淋到了夜雨，在自家屋檐下拧着湿透的浴衣下摆的女性形象。

大姐式头巾
蓝染浴衣
博多绸制成的昼夜带
红色的汤文字（女性下装，也称腰卷），底下能瞥到白皙的赤足，很是娇艳

❖出自歌川国贞《集女八景 肃湘夜雨》

城镇女孩

江户时代后期

盛夏时的一位小姐。用团扇来展示、推广自己的偶像，这种文化是不朽的。

高岛田髻（▶31页）搭配叠粘布手工艺品（缎带）十分可爱
因为还是小孩子，所以这里有为了调节袖长所缝的肩褶
袖口锁线通风效果绝佳
绘有市川团十郎工藤祐经的团扇
小袖是碎花纹的轻薄织物

出自歌川国贞《江户八景 两国夕照》

城镇女孩

江户时代后期

出浴后用浴衣擦拭身体的女性。浴衣原来是『汤帷子』的略语，即入浴时穿在身上用来擦汗的棉制单衣，结合了浴巾与简单的日常穿着的功能。

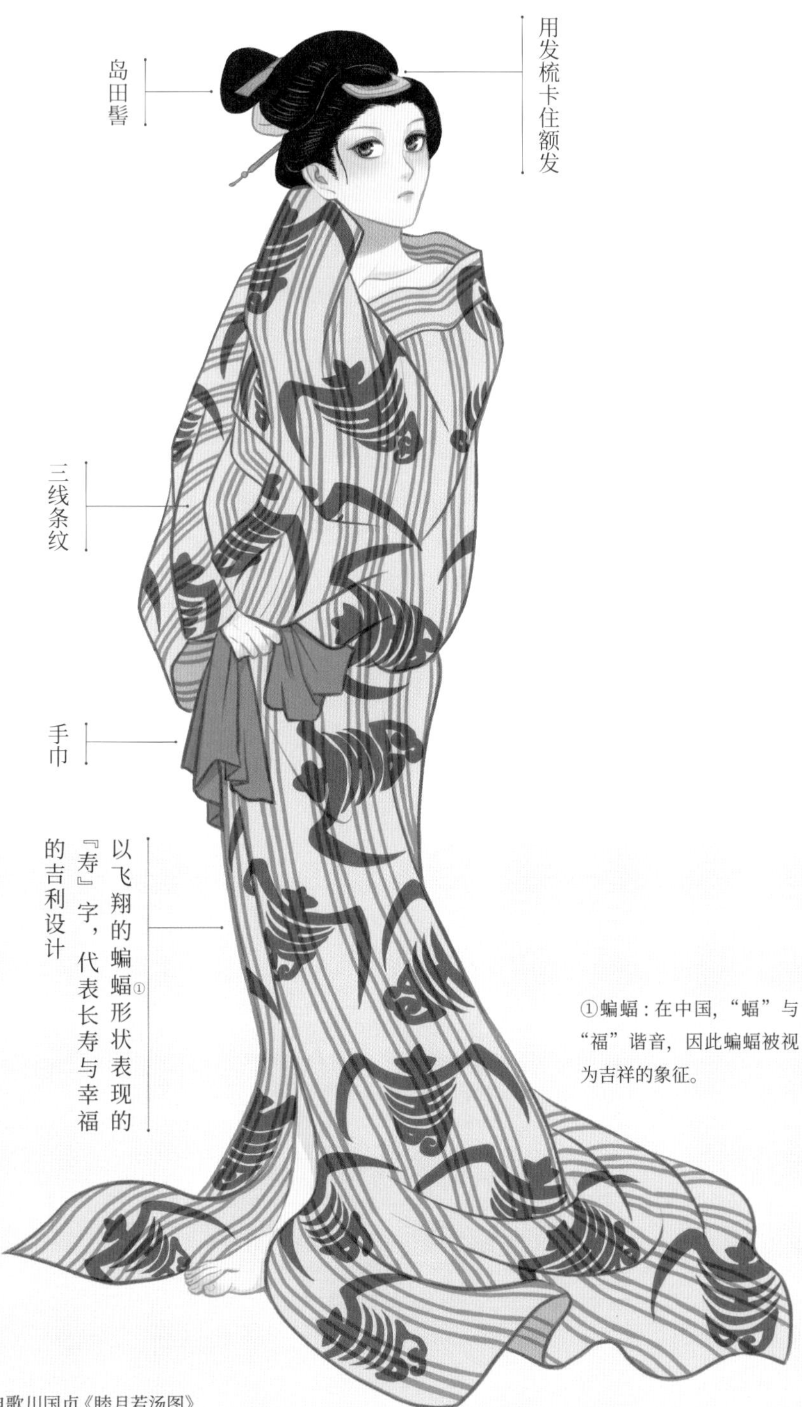
用发梳卡住额发
岛田髻
三线条纹
手巾
以飞翔的蝙蝠①形状表现的『寿』字，代表长寿与幸福的吉利设计

①蝙蝠：在中国，“蝠”与“福”谐音，因此蝙蝠被视为吉祥的象征。

❖出自歌川国贞《睦月若汤图》

城镇女孩

江户时代后期

走在去练习三味线的路上的一位小姐。全身都是可爱的少女搭配。

画满牵牛花图案的遮阳伞
固定腰带的圆绦带
防暑的袖口锁线
小袖是碎花纹底加上樱花形的纸型印染
竖结的昼夜带（▼101页）
啪嗒木屐（▼108页）

出自歌川国贞《今世斗计 十二时 未之刻》

城镇女孩

江户时代后期

在酷暑的傍晚纳凉时赏萤火虫的女性。

围在脖子上的手巾
包着布的烟管（▼38页）
将袖子的接缝处缝成锁线式，利于通风
腰带系成单结（▼101页）
格纹的轻薄小袖

❖出自歌川国贞《猎萤》

招牌女郎

江户时代后期

日暮时分在浅草寺市场工作的牙签店女性。

将手巾包成大姐式
麻叶纹的衬领
条纹小袖
市松纹的细带（▼75页）
网代纹配桐树叶的腰带，系成单结（▼101页）
格纹围裙

出自菊川英山《东都名所八景 浅草暮市》

少年

江户时代后期

新年时参拜惠方（指去位于那一年的吉利方位的神社参拜，祈愿幸福）的少年。

吉祥物装饰品
悬挂着下行酒①之王——剑菱的酒樽
金千両
正月卯日龟户天神的妙义社请授的神符（▶12页）
黑色腰带
随身物品放在格纹包袱巾中
条纹小袖

❖出自歌川国贞《春曙惠方诣》

① 下行酒：上方（近畿地区）生产的品质优良的商品运到江户贩卖，这些商品被称作“下行品”。

城镇女孩

江户时期后期

整体色彩鲜艳，洋溢着青春朝气的搭配。

高岛田髻（▼31页）
腰带上是紫阳花唐草和云的图案搭配在一起
轻便单薄的振袖。衣摆上的牵牛花图案很可爱

出自歌川国贞《五节句之内 皋月》

城镇女孩

江户时代后期

年轻小姐的华美装束。

岛田髻
（▼30页）
饰有流苏的花簪
（▼70页）
固定腰带的圆绦带
（▼20页）
振袖是紫底搭配网眼纹
与波千鸟，都是非常吉
利的主题
花唐草图案的腰带
不连续排列的麻叶
图案中衣（▼6页）

❖出自歌川国贞 / 广重《双笔五十三次日本桥》

少爷

江户时代后期

富裕商家的少东家。

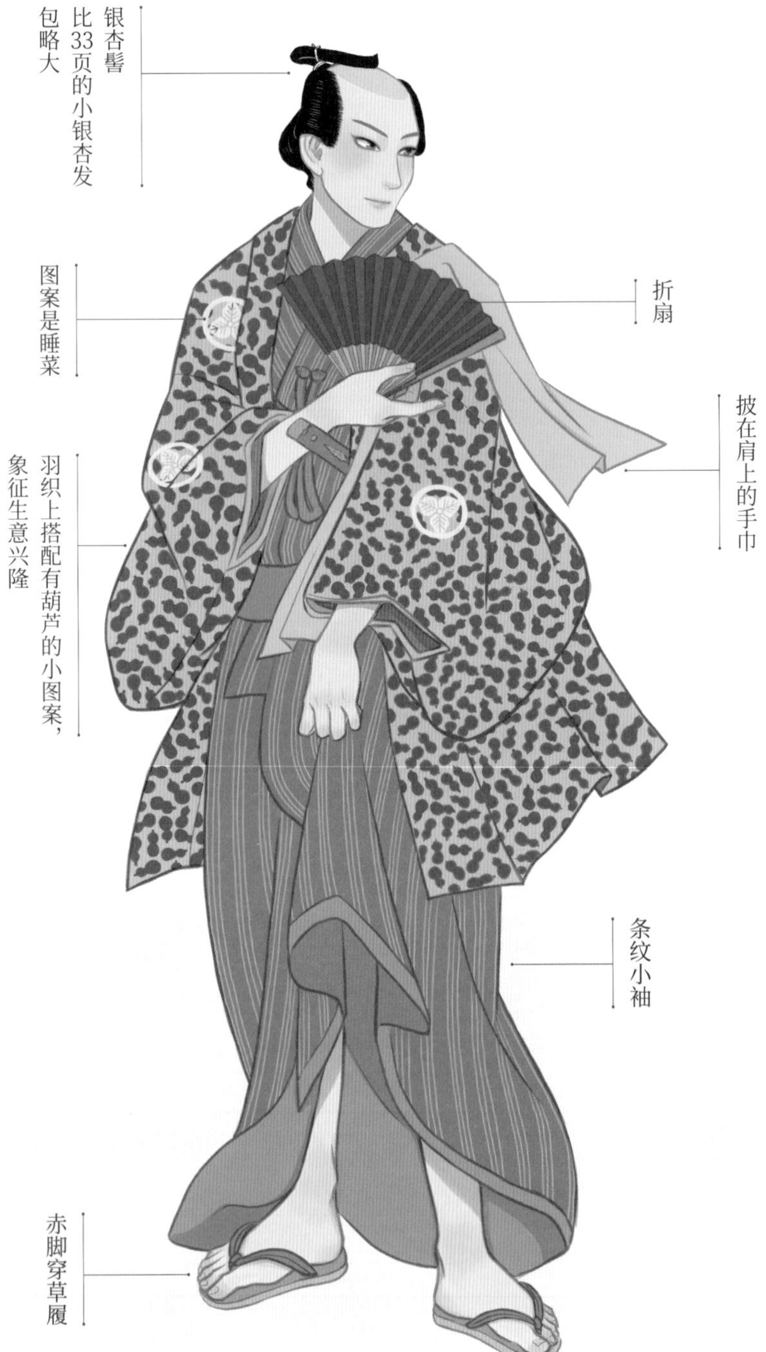

银杏髻
比33页的小银杏发包略大
图案是睡菜
羽织上搭配有葫芦的小图案，象征生意兴隆
折扇
披在肩上的手巾
条纹小袖
赤脚穿草履

出自歌川国贞《龟户藤之景》

茶水姑娘

江户时代后期

茶屋家的女儿。

清秀的高岛田髻（▼31页）
发梳插在额发上
网眼纹的小袖
竖结的昼夜带（▼101页）
山茶花图案的围裙

❖出自歌川国贞《江户名所 百人美女 浅草寺》

小贩

江户时代中期

贩卖夏天的风物诗——扇面纸。穿着夸张的服装，模仿歌舞伎役者，边走边卖。

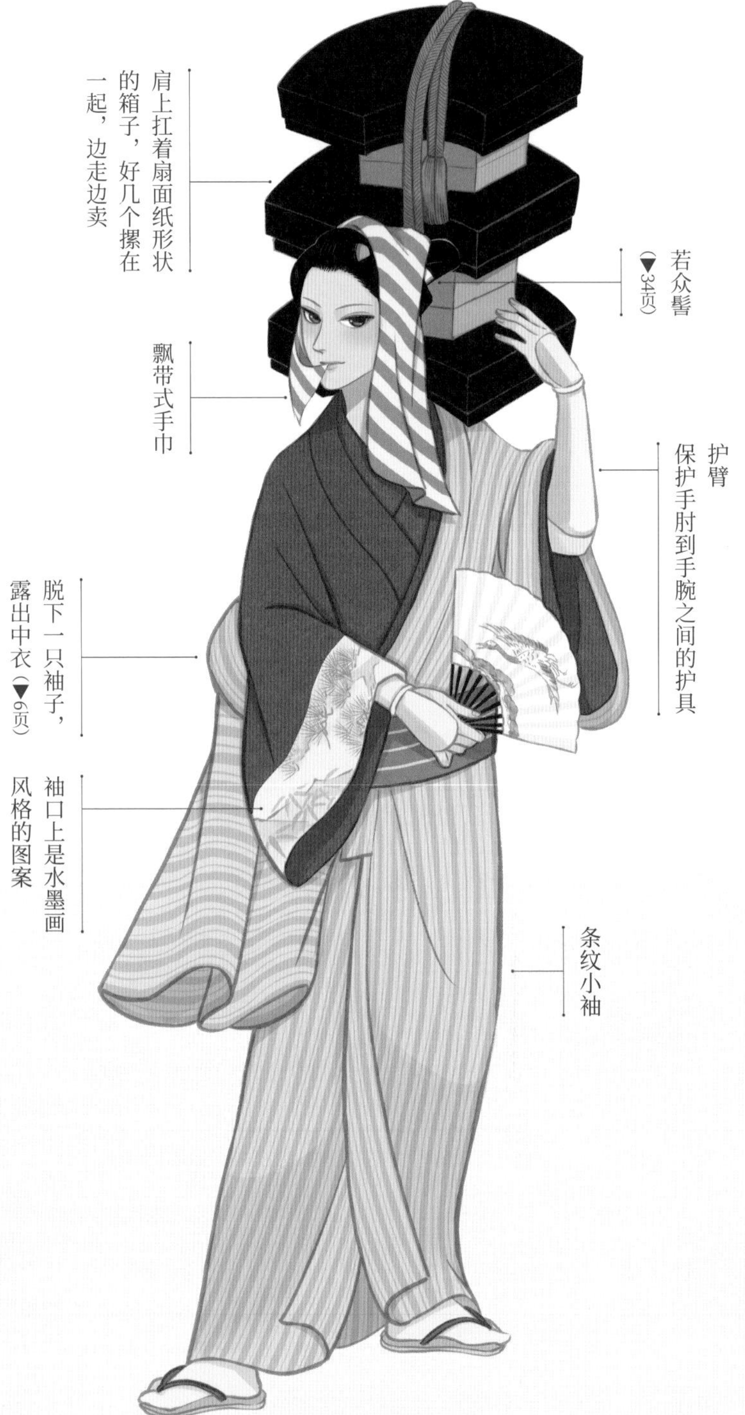
肩上扛着扇面纸形状的箱子，好几个摞在一起，边走边卖
若众髷（▶34页）
飘带式手巾
护臂
保护手肘到手腕之间的护具
脱下一只袖子，露出中衣（▶6页）
袖口上是水墨画风格的图案
条纹小袖

出自铃木春信《浮世美人寄花 路考娘》❖

年轻的妻子

江户时代后期

为丈夫的平安祈愿，进行百回礼拜的贤妻。

已婚者系的圆髻（▼31页）

刚刚剃掉眉毛，泛着青色

钱绳
麦秆制的绳子。要拜一百次，为了不数错，每拜完一次就放下一根

数珠

龟甲型松叶纹的腰带

捋腰带（▼15页）

网代纹小袖

草履带上绑着红绳，让鞋子不易脱掉

❖出自歌川国贞《江户名所百人美女 堀之内祖师堂》

【环结】

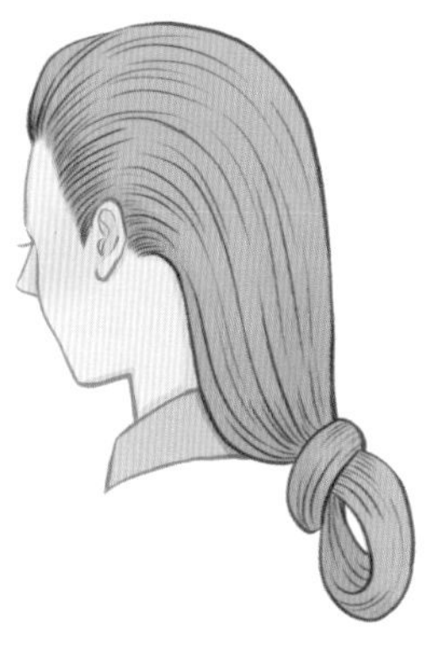

垂发的一种。将发尾挽成环状。

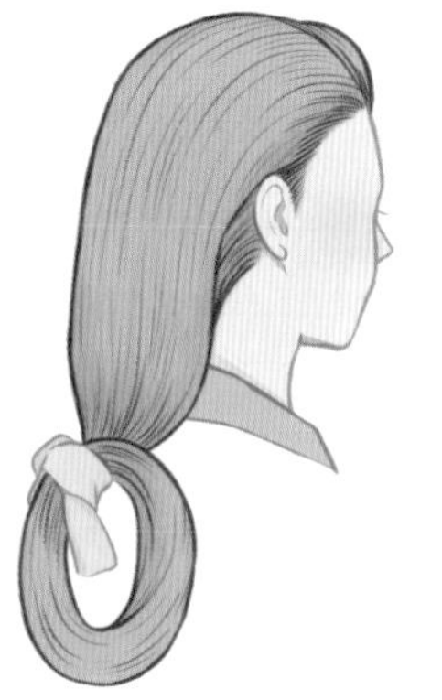

将披垂的头发简单挽起。（▶43页）

【下垂马尾】

仅把自己的头发在颈后用发绳束起。

【御所风发】

由御所女官的垂髻变化而来的发型。从上流社会到花街，广泛流行。

【刘海头】

不是儿童，而是成年女性。只是粗略地剪了剪的发型。

【从根部扎起的垂发】

古装版马尾辫。游女也常常这样扎头发。

【岛田髻】

据说是东海道岛田宿的游女最早开始这样束发的（有多种不同说法）。由江户初期的若众髻变化而来，在城镇的女性之间广泛流行。只要是将后面的头发弯折起来，用发绳等物固定住的发髻，都和岛田髻有亲缘关系。

【春信风岛田髻】

宝历至明和年间（一七五一至一七七二年）流行于城镇女孩之间。
上翘的发包像鹡鸰的尾巴，因此得名“鹡鸰发包”。

【元禄岛田】

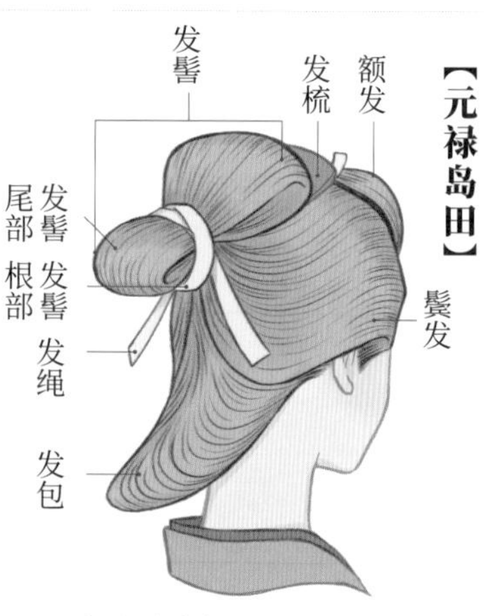
发髻
发梳
额发
尾部 发髻
根部 发髻
发绳
发包
鬓发

天和至元禄年间（一六八一至一七零四年）。突出的发包像海鸥的尾巴，因此得名“海鸥发包”。

【高岛田髻】

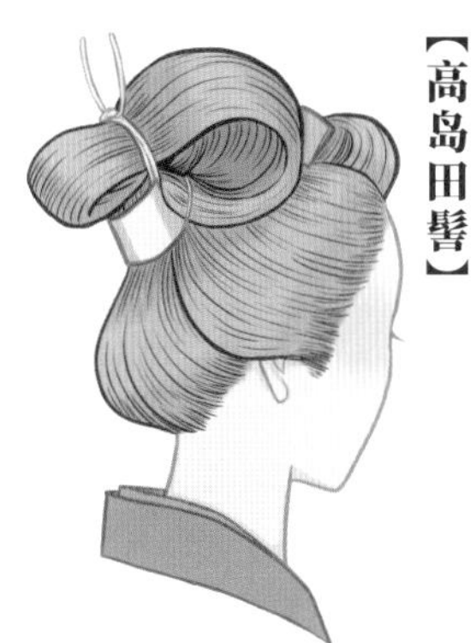

发髻根部束高、尾部上提的岛田髻，也叫奴仆岛田髻。

【变体岛田髻】

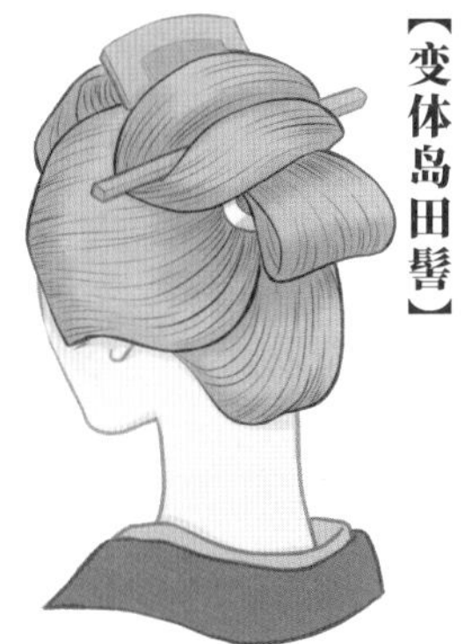

在岛田髻的额发上插上发笄，将额发卷起来。适用于花街人员和较年长的女性。

【松散岛田髻】

各种阶层的女性都结这种发型。因为发髻中间看上去像散开了，因此这样称呼。

【丸髻】

已婚女性发型的代表。

【灯笼鬓胜山】

用由鲸须等制成的鬓发绷塑形而成。

因为每根头发看起来都像透明的，所以叫作“灯笼鬓”。

【结绵髻】

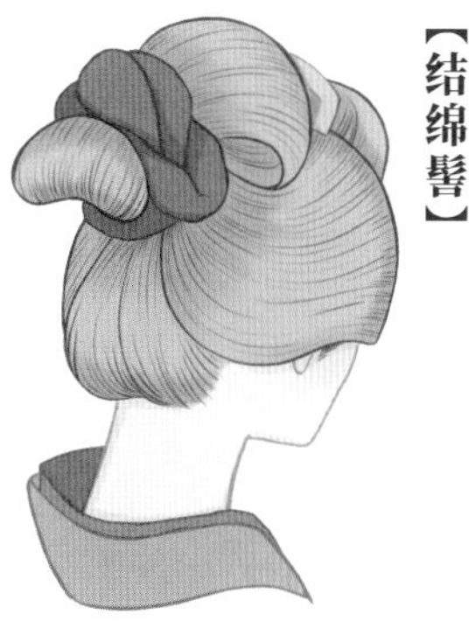

在松散岛田髻上扎上发带或鹿皮花纹扎染发带。发髻尾部整理成圆弧形。

【扭结】

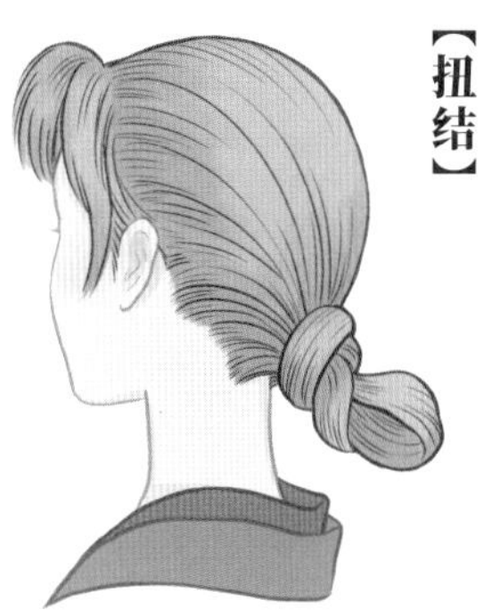

花街女性喜欢的简易发型。

【银杏环】

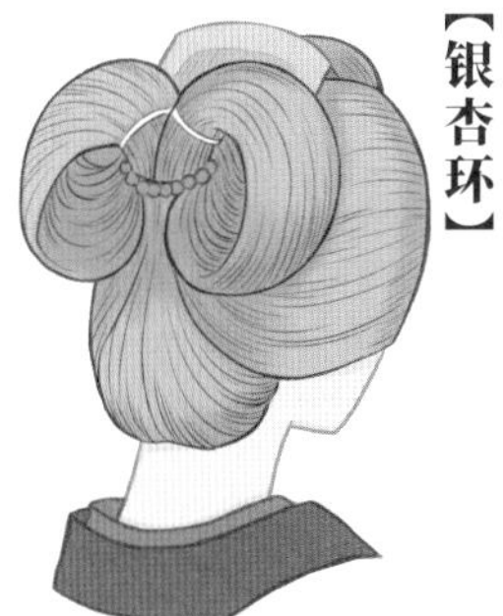

从根部左右各挽成环状，发尾用发绳在发髻根部扎起。从花街人士到从事其他职业的女性都会用的发型。

【切天神】

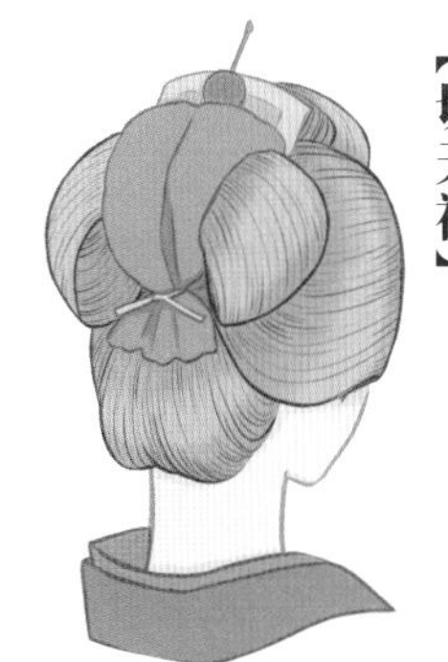

在天神髻（和银杏环相似，左右挽成环状，发髻根部插上发簪）上加上布片的发型。花街上爱打扮的女性喜欢用的发型。

【大月代茶筅】

剃掉的部分很宽的月代头(▶66页)搭配茶筅式的结发。普通武家阶级的发型。

【茶筅】

因形似沏抹茶用的茶筅而得名。由战国时代流传下来，到江户初期还很常见。

【蝉折】

天和至元禄年间(一六八一至一七零四年)。发髻末梢向上突出、发尾展开的发型。侠客、力士、花花公子常用的发型。

【拨子鬓】

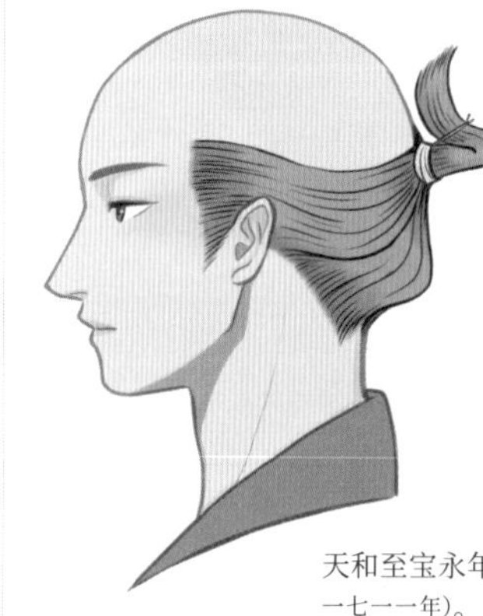

天和至宝永年间(一六八一至一七一一年)。因形似三味线的拨子而得名。主要为普通城镇男性所常用的发型。

【瘟疫本多】

明和年间(一七六四至一七七二年)。本多髻的一种。特地减少发量，将发髻弄细，使人看上去像大病初愈的样子。年轻的风流人士爱用的相当激进的发型。

【辰松风】

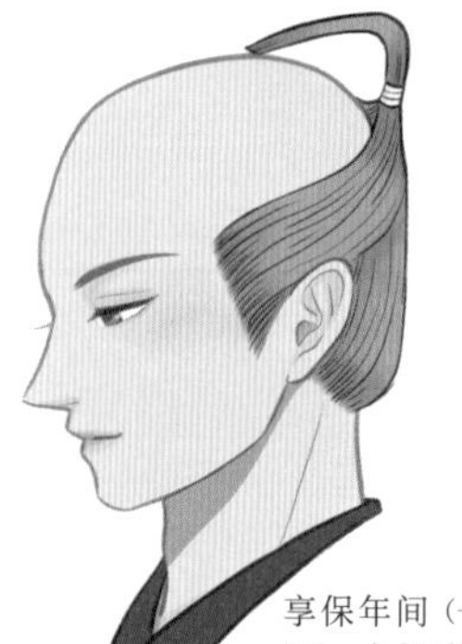

享保年间(一七一六至一七三六年)。木偶戏净琉璃广受欢迎的木偶师辰松八郎兵卫发明的发型。把发髻的根部束高，发绳多卷几圈后用针固定住。

【团七】

本多发髻的一种。侠义男子爱用的发型。

【本多】

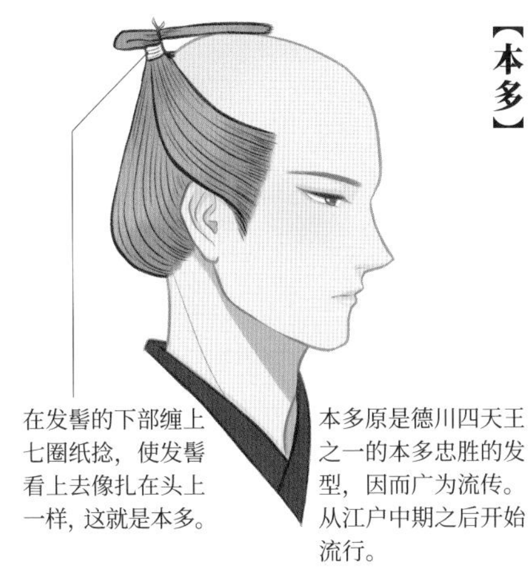

在发髻的下部缠上七圈纸捻，使发髻看上去像扎在头上一样，这就是本多。

本多原是德川四天王之一的本多忠胜的发型，因而广为流传。从江户中期之后开始流行。

【小银杏】

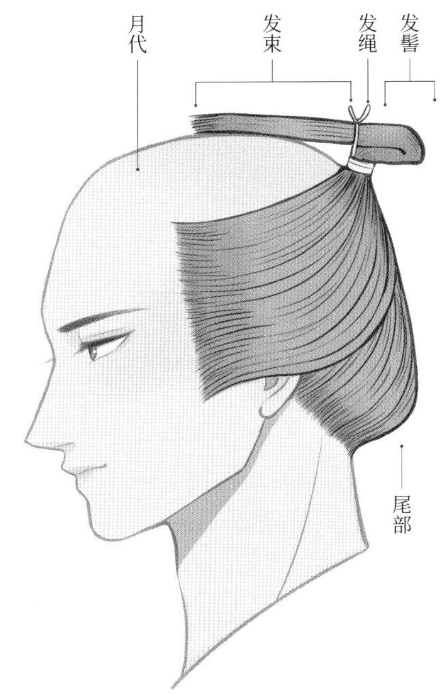
月代
发束
发绳
发髻
尾部

一般的市民发型。普通的发髻，不怎么粗，发髻呈直线。把发包弄得凸出一点是市民阶层发型的特征。

【束】

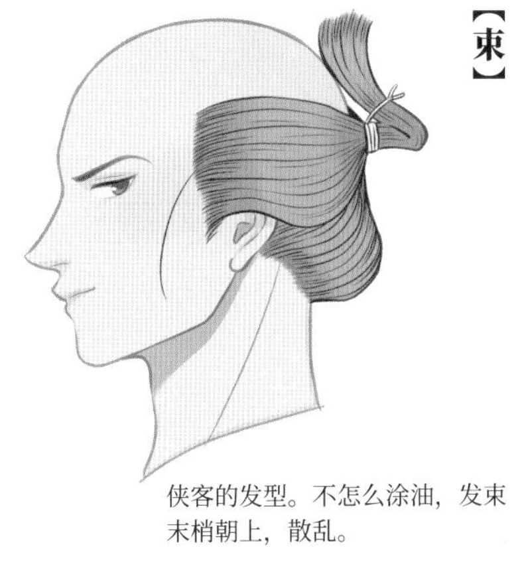

侠客的发型。不怎么涂油，发束末梢朝上，散乱。

【鯔鱼风】

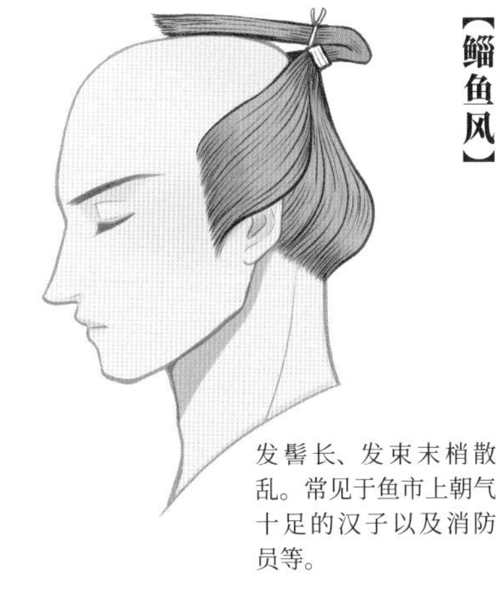

发髻长、发束末梢散乱。常见于鱼市上朝气十足的汉子以及消防员等。

若众髷的特点是保留额发、把头顶的头发剃掉。这是元服前的发型，成年时便将额发剃掉，成为独立的大人。兼具姿色与气质的中性魅力不仅对男性，对女性也有着同样的吸引力。具有代表性的发髻『岛田髷』据说也是起源于若众髷的。

【十七世纪 江户时代初期】

初期时若众髷的额发不扎起，而是撩起来（▶42页）。

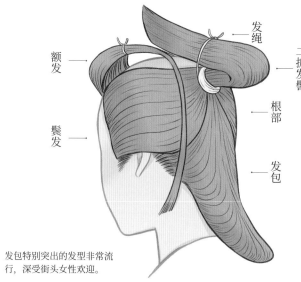

【十七世纪末至十八世纪上半叶 江户时代中期】

发绳
二折发髻
根部
发包
额发
鬓发

发包特别突出的发型非常流行，深受街头女性欢迎。

【十八世纪下半叶 江户时代中期】

发包提起，变得清爽。发髻变大。

【十八世纪末 江户时代后期】

发包不突出，发髻变得比较粗。鬓发也比较宽松。

【神田结】

仆役、船夫、人力车夫等劳动人民的系法。

【低齿木屐结】

江户时代后期之后武士的系法。方便装入和服裤裙的腰部衬板。

花街行家

【红色腰带】

在黑色等素色的和服上搭配红色等明亮颜色的腰带，被视为风流潇洒。

【狗尾草结】

江户时代中期之后将细长的腰带在腰间绕三圈，剩余的部分系成单环。

【贝口结】

从初期开始，普通百姓经常用的系法，也是现代的标准腰带系法。

【单环结】

单侧形成环状的系法。

【歌牌结】

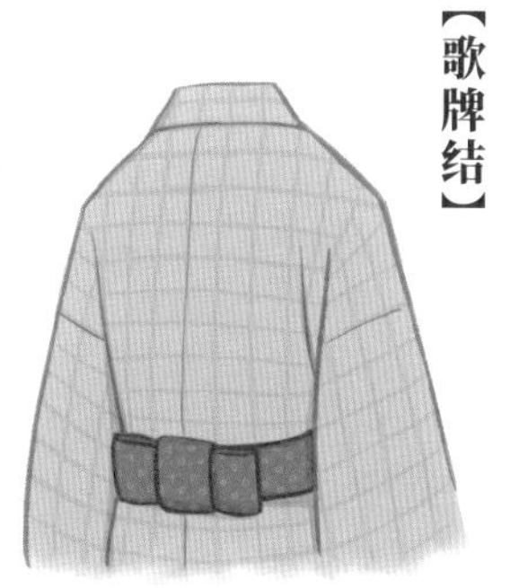

流行于江户时代初期，男女通用的系法。看上去像并排的三张歌牌，因此得名。

条纹

条纹是江户和服传统的线条纹样。这种图案见于从南方运来的舶来品，这些舶来品被称作『岛来品』『岛物』，因此日语中把条纹叫作『缟』，与『岛』谐音。当时，条纹具有异国风情，是最流行的图案。

算盘条纹

排列着算盘珠的条纹。

波状条纹

由曲线组成的条纹。

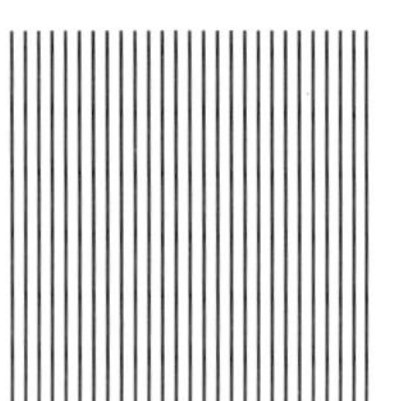

万筋

意为有上万条线，非常细的条纹。

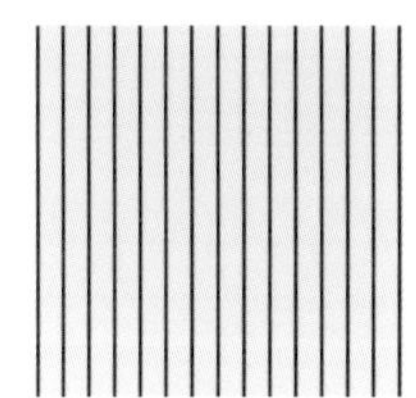

千筋

细条纹。

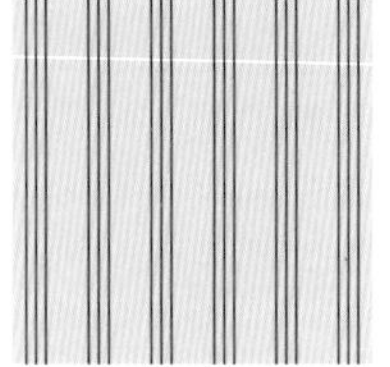

三线条纹

三条线并列为一组的条纹。

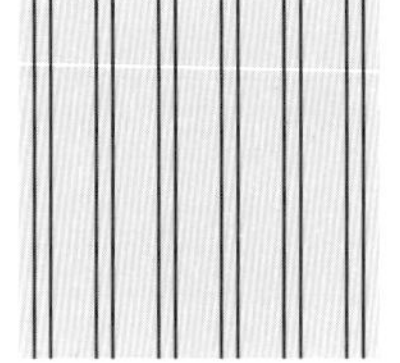

金通

两条线并列为一组的条纹。

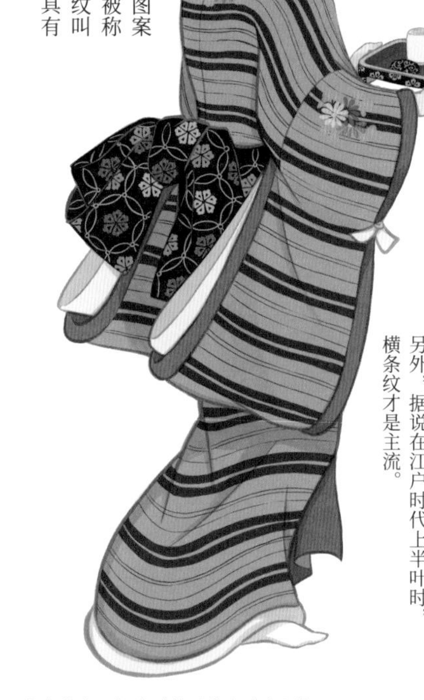

另外，据说在江户时代上半叶时，横条纹才是主流。

❖出自宫川长春《花下美人少女图》(『花下美人少女図』)

子母条纹

粗线和细线平行排列为一组的条纹。

任意条纹

线条间隔和颜色搭配均不规则的条纹。

瀑布条纹

线条从粗到细依次排列。

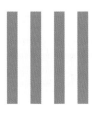

棒状条纹

粗的竖条纹。

格纹

由横条纹和竖条纹组合而成的复合型条纹。用现代语言来说的话，就是棋盘格。格纹在日本有着悠久的历史，据说在平安时代末期的绘卷之中也能见到。格纹突然盛行是在江户时代后期，和条纹一样，格纹以简洁之美吸引了江户人，常常出现在浮世绘中。

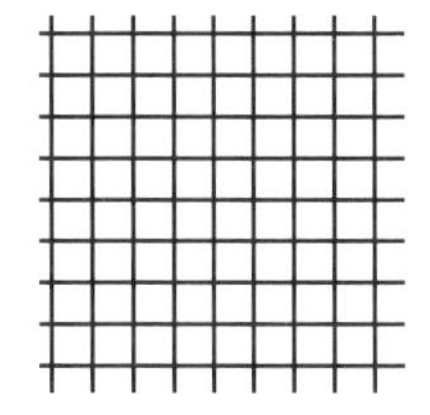

小格纹

小的格纹。

大格纹

大的格纹。

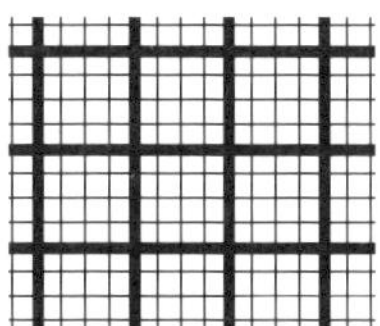

味噌滤网格

粗线中间以相等的间隔排列着细线的格纹。

弁庆格纹

横竖两色重叠处的颜色变深。

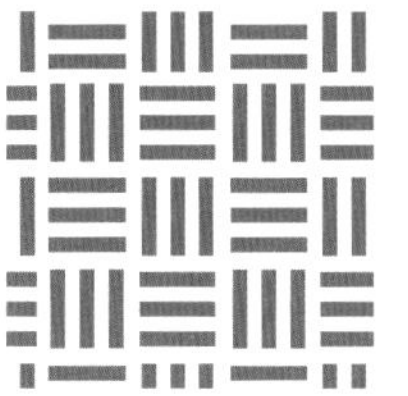

三条变体格纹

三条竖、三条横排列。

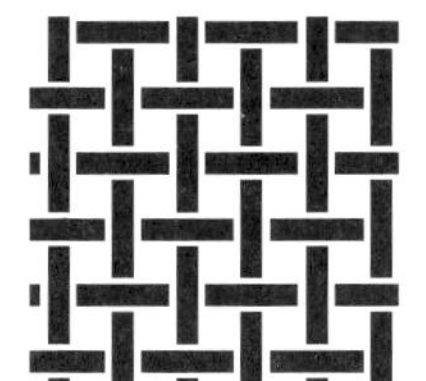

一条变体格纹

一条竖、一条横排列。

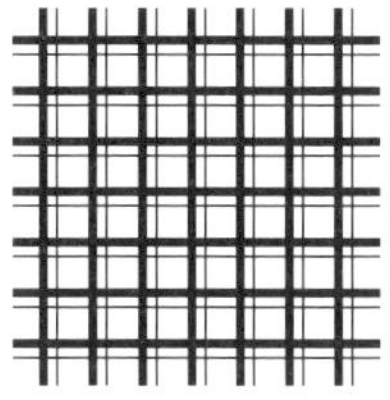

童子格

粗线旁边配有一条细线的格纹。

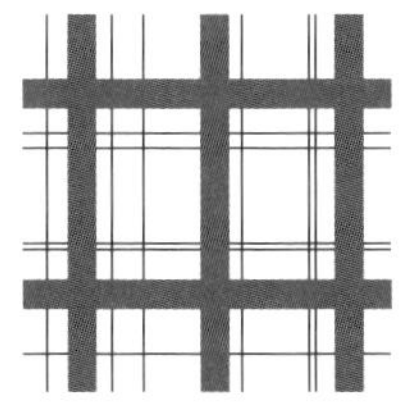

老翁格

粗线中间有多条细线的格纹。

包袋是用来装随身携带的必需品的。因为和服没有口袋，所以包袋要么放在袖子里或怀中，要么插在腰带里或挂在腰带上。

武士腰间有佩刀，会碍事，所以在腰间挂包袋的主要是村民。

最常见的包袋是纸夹和烟草袋，不过这里只介绍烟草袋。随着吸烟率大幅增长，烟草袋由多种材质制成，有着多样设计、兼具实用性与装饰性的烟草袋作为装饰品得到了发展。

男人的时尚！此乃展示品味之处。

烟管

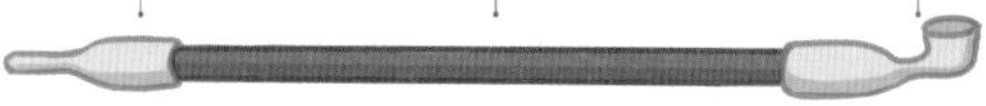

吸烟口

烟袋杆

烟袋锅

挂式烟草袋

卡头卡在腰带上，从腰间垂下

佩头

放烟丝的烟草袋

烟管袋

插在腰间的烟草袋

将烟管袋插在腰间

印笼

原本是装印章或印泥的，后来成了装药的便携容器。

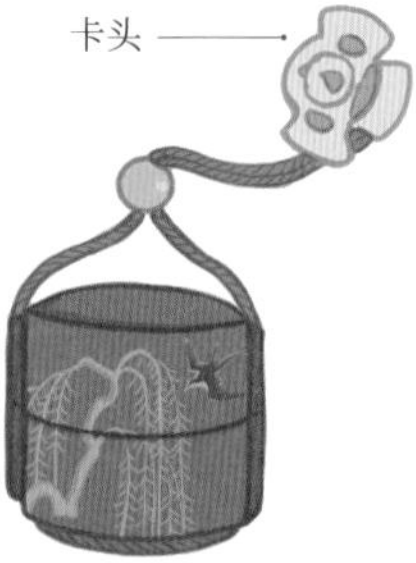

卡头

佩头

饰有莳绘、螺钿、金贝、金属工艺等精巧的工艺，更多是作为装饰品。

保护自己的护身符，是江户人的必备品！

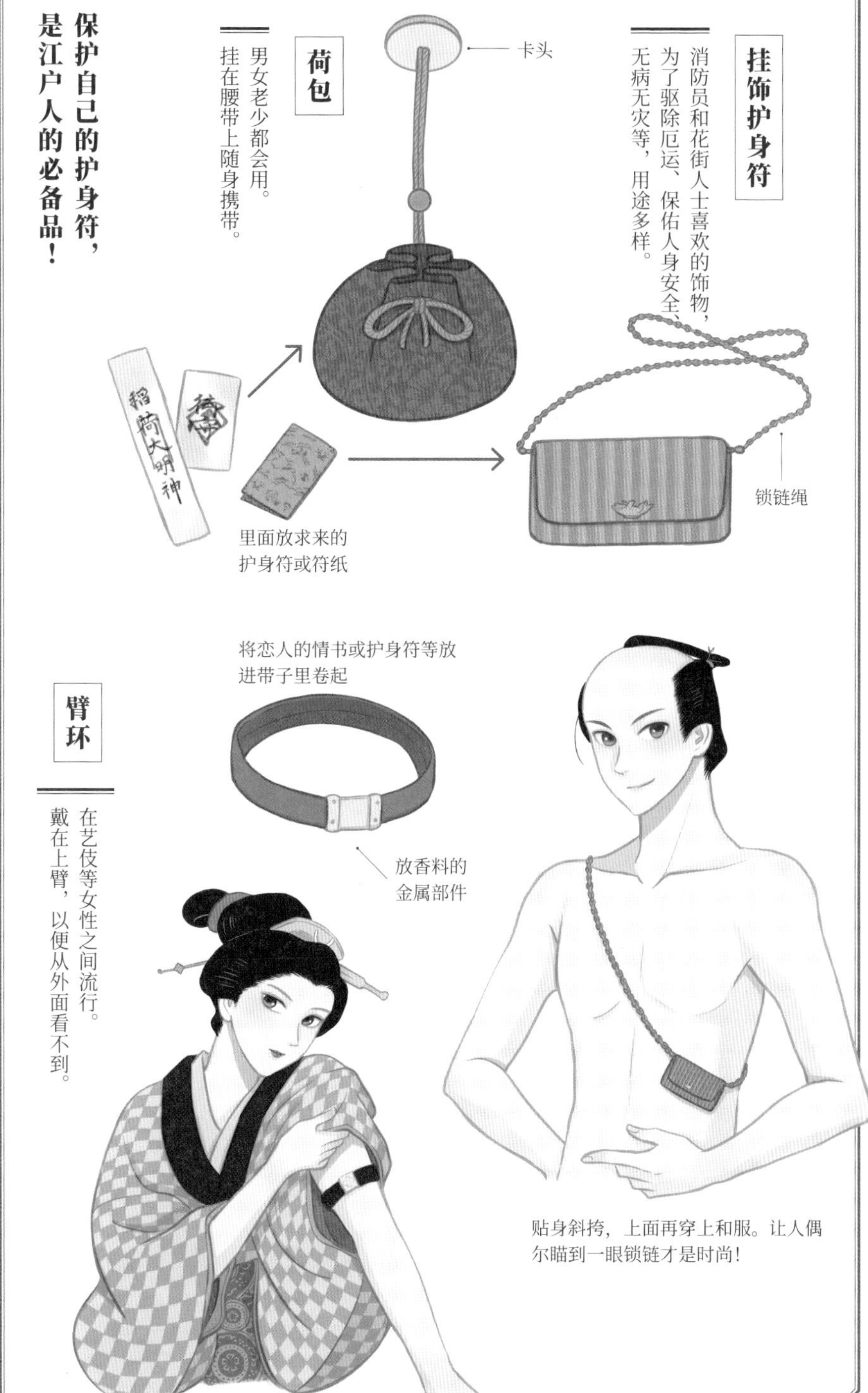
荷包
男女老少都会用。挂在腰带上随身携带。
卡头
挂饰护身符
消防员和花街人士喜欢的饰物，为了驱除厄运、保佑人身安全、无病无灾等，用途多样。
稻荷大明神
锁链绳
里面放求来的护身符或符纸
臂环
将恋人的情书或护身符等放进带子里卷起
在艺伎等女性之间流行。戴在上臂，以便从外面看不到。
放香料的金属部件
贴身斜挎，上面再穿上和服。让人偶尔瞄到一眼锁链才是时尚！

江户时代的鞋主要分为木屐、草屐、草鞋等。其中也有很多是在现代也很常见的。木屐和草履都早在平安时代就有了。江户时代的木屐据说是由雨天时穿的高齿木屐改良而来的。草鞋是从奈良时代开始有的，由稻草编成，种类多样。鞋带的系法也很多。

足半

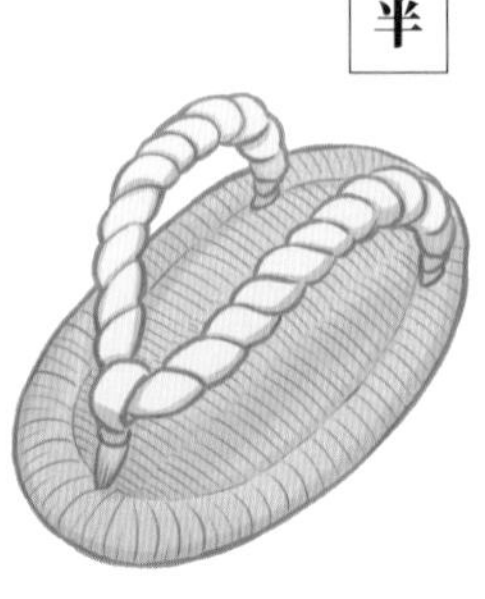

小小的稻草鞋。

草履

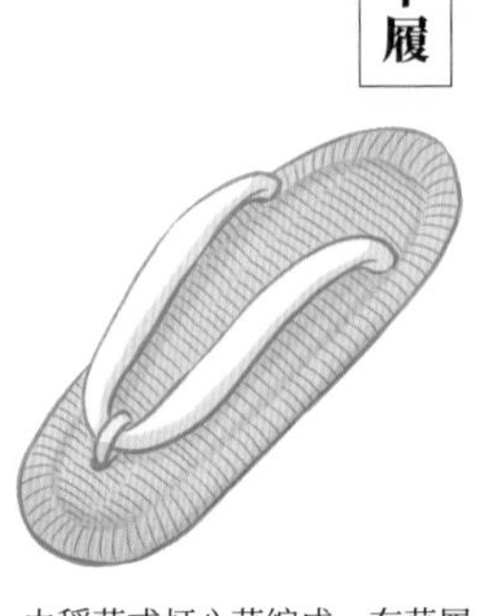

由稻草或灯心草编成，有草履带的鞋。

四环草鞋

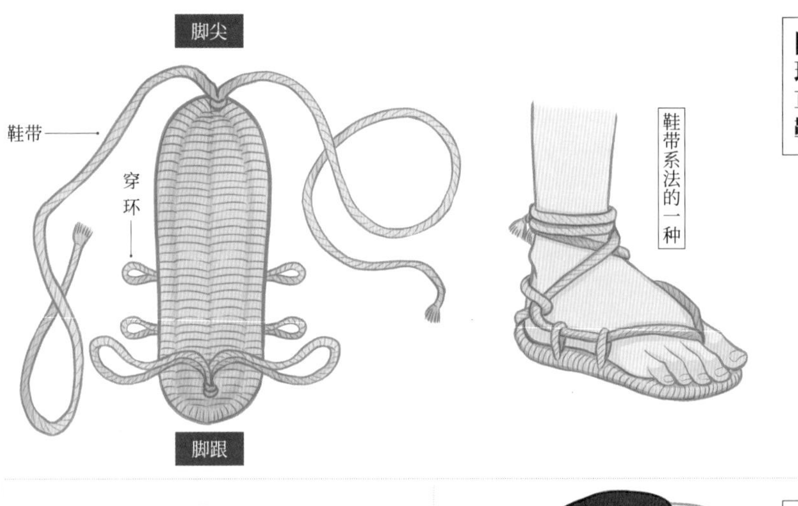

脚尖
鞋带
穿环
脚跟
鞋带系法的一种

多层草履

江户时代中期之后，流行这种多层鞋底的草履。

板草履

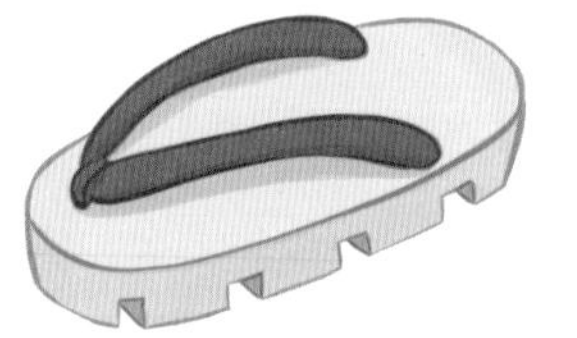

底部并排粘着木板条的草履。雨天时穿。

【木屐的底面】

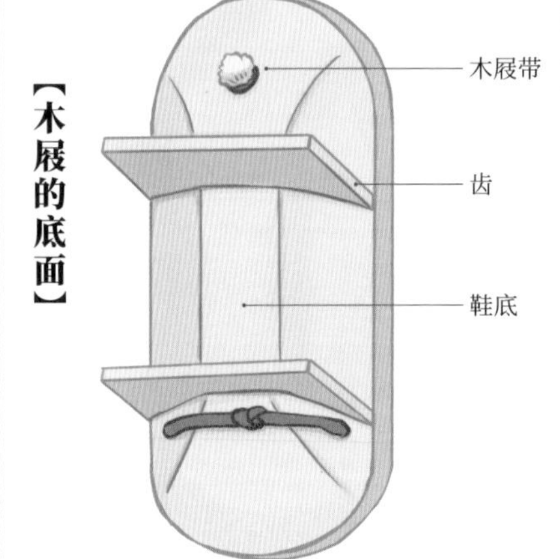

木屐带
齿
鞋底

第二章 武家的人们

少年

江户时代初期

天真无邪的少年。中性风格的打扮是若众少年特有的魅力。

头顶头发剃掉、二折发髻。保留额发，只剃掉头顶中央的头发，是元服前的发型（▼66页）

额发留长，只向头顶上撩起①，制造出从容而自由的感觉

黑底小花图案的振袖，装扮华丽

大小武士刀的刀鞘以梅花皮②装饰

①撩起：将头发弄蓬松后向上撩起。

②梅花皮：有着梅花般花纹的鱼背皮。

出自《若众立姿图》

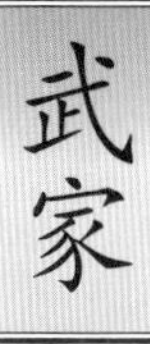

武家

江户时代初期

上流阶级女性的外出打扮。外出时把脸遮挡起来是自古有之的风俗。

被衣
蒙在头上的小袖。因为也会被刺客利用，据说江户在十七世纪下半叶时禁止这样穿戴了

江户时代初期的袖子窄而短

垂发
扎起的头发叫作束发，相对的，任其垂落的头发叫作垂发

简易的腰带结

豪华的平金小袖（▶9页）

 ❖出自《丰国祭礼图屏风》

少年

江户时代初期

当时引领潮流的男子。蝙蝠羽织流行于宽永（一六二四至一六四五年）至正保（一六四五至一六四八年）年间。

两侧的头发卷成波浪，时尚的若众髻
蝙蝠羽织
状似蝙蝠展开翅膀的样子，因而得名
袖子长、上身短
裤脚收窄的踏笼裤①

出自山东京传《古董集》

①踏笼裤：一种窄裤脚的和服裤。

少年

江户时代中期

武家的年轻武士。

若众髻
（▼34页）
家纹是交叉镰刀
小花图案的肩衣裤，也叫『拼接款上下身礼服』（▼64页）
振袖上羽毛和绳子的设计独具匠心

在现代人的印象里，提到振袖就是指女性穿着的，但振袖原本是儿童的衣物。因为身体小，如果不在小袖上缝出袖兜的话，就成了筒袖。

❖出自西川祐信《四季风俗图卷》

少年

江户时代中期

赏花时咏诗的美少年。源氏香图案暗示着他是一位像光源氏那样受欢迎的男子。

若众髷
（▶34页）

纸笺

条纹和服裤

『源氏香』图案的振袖羽织

『源氏香』
一种游戏：取5种香各分作5包，共25包，从中任取5包点燃，猜它们都是什么香。答案用5条竖线和5条横线组合成的图案表示，共52种，以《源氏物语》各卷卷名命名①。具有很高的艺术性，是种风雅而有创意的游戏。

①以《源氏物语》各卷卷名命名：除去最开始的《桐壶》和最末的《梦浮桥》。

武家

江户时代后期

打扮非常华丽的大小姐。相亲日的穿着。

扬帽子
外出时防止弄脏头发的防尘帽，用别针固定在额发上（▼67页）
高岛田
（▼31页）
圆形内有花菱的家纹
佛具主题图案的腰带系成矢字结（▼101页）
捋腰带
（▼15页）
绘有金鱼游于水藻之间图案的振袖

❖出自歌川国贞《江户名所百人美女 东本愿寺》

御殿女中

江户时代后期

即使是在城中工作，如果说是去寺庙参拜的话也是可以外出的。稍作休息的一天。

半边环（▶67页）
位居高位的御殿女中一生都为公家服务，与嫁作人妇者一样，也把眉毛剃掉、牙齿涂黑
腰带是牡丹唐草图案的
为了不拖着裙摆，用捋腰带扎住（▶15页）
红叶与银杏
武家的女性给人以喜欢古典而简洁的图案之印象
白色短布袜与多层草履（▶40页）

出自歌川国贞《龟户紫藤盛开时》

武家

江户时代后期

清秀的武家女儿的外出造型。

高岛田（▼31页）
玳瑁制的花笄与簪子（▼70页）
毗沙门龟甲连排图案搭配宝相花的腰带，系成矢字结（▼101页）
捋腰带（▼15页）
『积雪竹叶纹』『梅花、鹿皮花纹雪轮纹』等图案搭配而成的振袖

❖出自歌川国贞《江户名所百人美女 芝爱宕》

御殿女中

江户时代后期

高位御殿女中的外出着装。

防尘用的扬帽子与半边环（▼67页）
流水与水车纹的裲裆
揺腰带（▼15页）
深红色的中衣（▼6页）
多层草履

出自歌川国贞《江户名所百人美女 三缘山增上寺》

武家

江户时代后期

正在练习茶道的武家女儿。清秀而严肃，很有品味。

丝编发绳①（▼136页）
高岛田搭配花朵对簪
盛热水的水盆，用来涮洗茶碗
黑底搭配唐花唐草纹的腰带，系成平十郎结（▼100页）
擦道具用的小绸巾
长柄杓和盖托
条纹与松皮菱纹的碎纹振袖

❖出自歌川国贞《江户名所百人美女 饭田町》

①丝编发绳：将丝线等编起来制成的装饰品。

公主

江户时代后期

富裕大名家的千金。豪华绚烂的公主大人装扮。

高岛田髻（▼31页）搭配丝编发绳（▼51页、136页）

银制花簪

无花纹的朱红色振袖

百花缭乱的夺目裲裆

豆荚扣
固定广口袖袖口的装饰扣，不让袖口敞开

出自歌川国贞《江户名所百人美女 霞关》

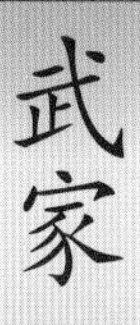
武家

江户时代后期

富裕武家的千金。适合新年穿着的吉祥装扮。

花簪

高岛田（▼31页）

饰有圆胖麻雀的发簪

蜀江纹①的腰带系成竖结（▼101页）

字谜②图案的振袖，绘有『世纪』二字、琴柱和菊花，意思是『听吉事』

①蜀江纹：由八边形和正方形连缀而成的图案，来源于古代中国的蜀国生产的织物。

②字谜：让人猜藏在文字或画中的意思，有种解谜的巧思。

 ❖出自歌川国贞《龟户初卯祭》

大名

江户时代后期

束带
将军以下、各大名、从五位以下官吏穿戴。
在将军下旨及朝廷上有特殊仪式时穿的装束。

冠
垂缨
笏
袍
饰剑
平绪
表裤
大口裤
衬袍下摆
袜

大名

江户时代后期

直垂

武家最高级的礼服。将军家、有实力的外样大名、老中、从四位以下侍从以上者穿戴。

风折乌帽子（▼63页）

帽绳

胸带

殿中刀
出仕时在城中使用的短刀

菊缀

中启（半开折扇）

大帷子

袖露（▼63页）

长裤

❖出自《德川盛世录》

大名

江户时代后期

大纹

位阶在五位的一般大名与旗本（五位诸大夫）的礼服。在直垂上饰有大大的家纹。

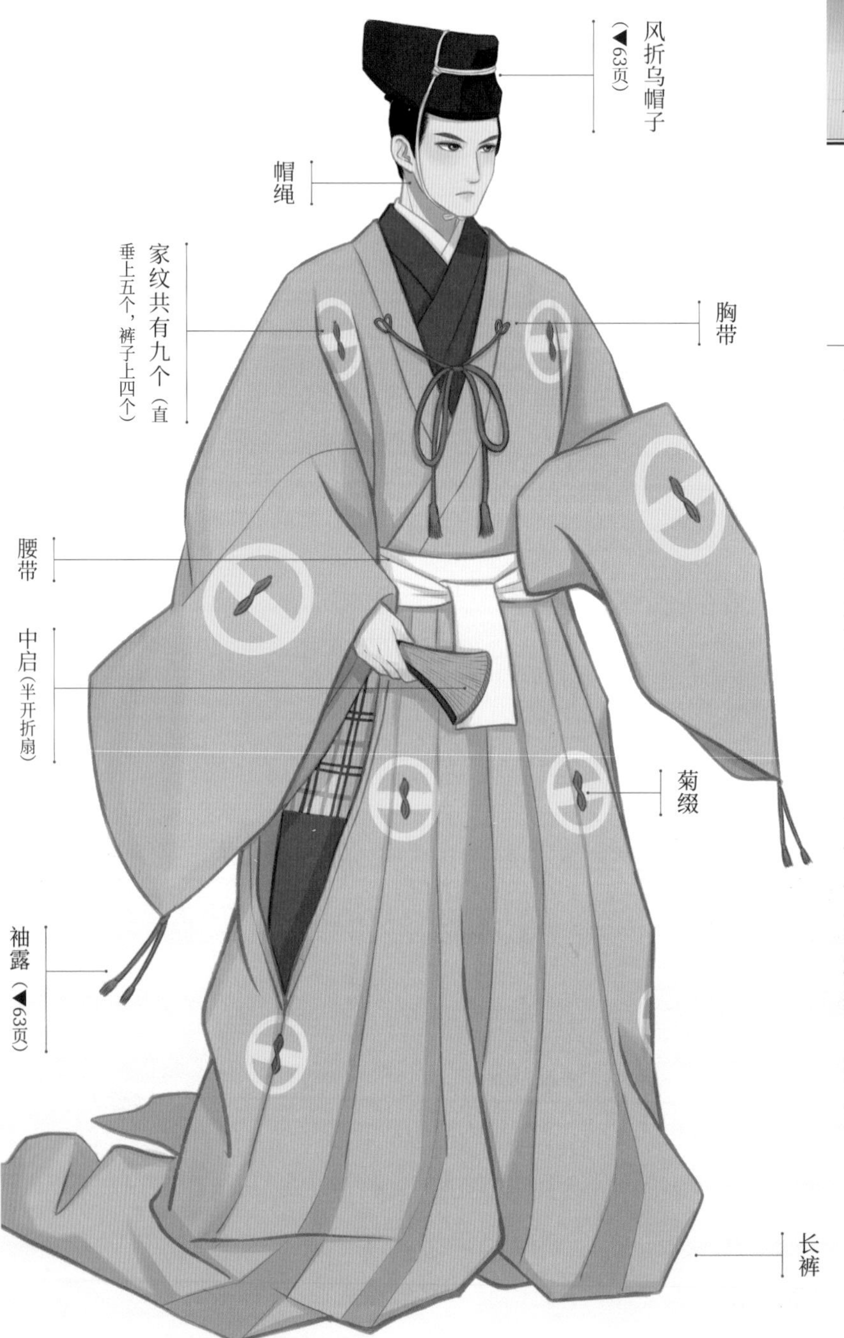

风折乌帽子（▼63页）
帽绳
家纹共有九个（直垂上五个，裤子上四个）
胸带
腰带
中启（半开折扇）
菊缀
袖露（▼63页）
长裤

旗本

江户时代后期

布衣

旗本（俸禄一万石以下、身份比被允许直接晋见将军者高）**的礼服。丝绸面料、无图案的狩衣。**

风折乌帽子
帽绳
中启
殿中刀
束袖绳
指贯

❖出自《德川盛世录》

武士

江户时代后期

长款上下身礼服（裃）

五节等庆典仪式时，进城穿的服装。

御三家、御三卿等高级武士的通常礼服。

二折发髻（▼66页）
肩衣（▼64页）
殿中刀
熨斗目纹的小袖（▼65页）
长裤

旗本

江户时代后期

拼接款上下身礼服（裃）

由不同的上装和下装拼成，肩衣与裤在质地和颜色、花纹上都不一样。原本是平日的服装，幕府末期时成了公服。

二折发髻
肩衣
胁间短刀
小袖
裤

❖出自《德川盛世录》

御台所

江户时代后期

将军夫人，大奥的时尚队长。
新年期间一天更衣五次，平日一天也要换三次。

御环髻①

香菇发包（▶67页）

花笄
做工精致的饰品只有御台所可以用

桧扇与铁线莲图案的裲裆

饰有竹叶的朱红色振袖

①御环髻：御台所从怀孕初至着带仪式（怀孕五个月）期间的发型。

出自扬州周延《千代田之大奥》

奥女中

江户时代后期

高位奥女中的夏季正装。在庆祝七夕的仪式中，会在白木台子上放上甜瓜、西瓜、桃子等供品，还有把纸条扎在竹叶上吟诵和歌等活动。

眉毛剃掉之后画在额头上的殿上眉

长垂发①

提带
仅限夏季的腰带系法与专用的腰带（▶68页）

供奉用的白木台

饰有胡枝子纹的单衣
（高级麻制）

接上假发，使发束变长

❖出自扬州周延《千代田之大奥》

①长垂发：梳成香菇发包。

奥女中

江户时代后期

新年里玩板羽球的小姓。小姓是服侍将军夫人或公主的，由高级旗本出身的七至十四岁少女担任。

稚儿髻（▼67页）
矢字结（▼68页、101页）
肩褶（▼18页）
饰有流水纹、折扇与樱花的高雅振袖

武士的装束——直垂、狩衣、乌帽子

【直垂】

江户幕府着装制度中的高级礼服。

本来是扎紧袖子用的绳子，到江户时代时只剩下形式，成了叫作『袖露』的装饰。

由平安时代地方武士和平民的装束发展而来，到镰仓、室町时代时，成了武家的公服。袖子是双幅宽的（将两块同幅的布缝接在一起）。

【狩衣】

比直垂低一等级的礼服。官阶五位以上武家的礼服。

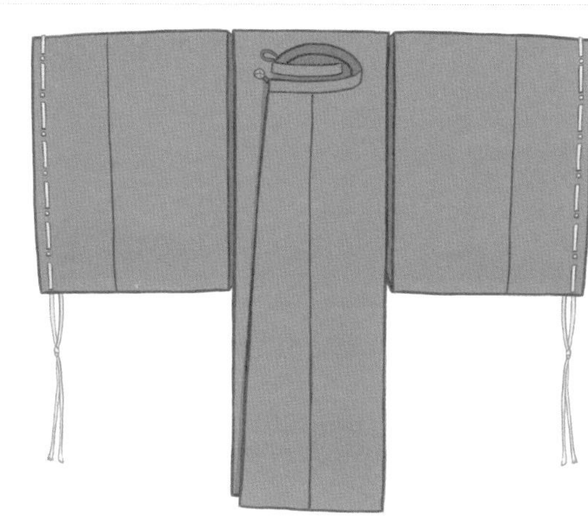

原本是平安时代朝臣平日的装束。有织纹的叫作『狩衣』，素色的狩衣，即旗本的礼服，叫作『布衣』。袖子同直垂一样是双幅宽的。

【风折乌帽子】

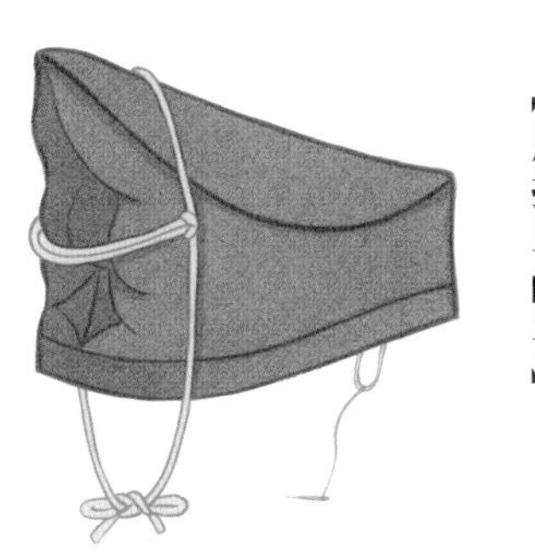

将立乌帽子[①]的顶端折倒的乌帽子。一般按照图上这样向左弯折，太上皇则是例外，要右折。

①立乌帽子：指前顶高高立起、不弯折的乌帽子。乌帽子原本的形状就是立乌帽子这样的。

【武士乌帽子】

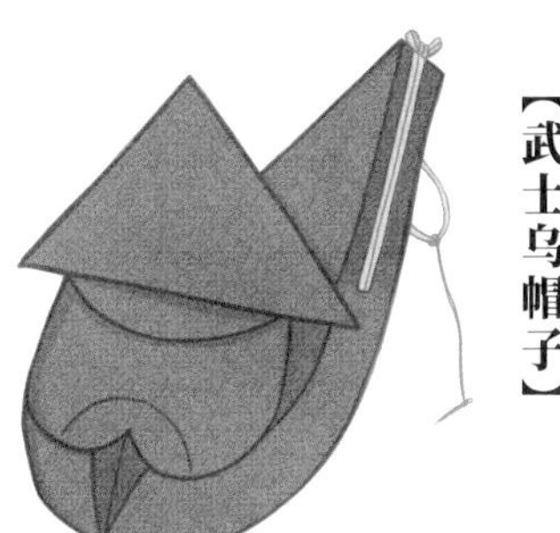

武家爱用的乌帽子。到室町时代中期为止，乌帽子都是做得弯折复杂的，到室町时代末期则变得形式化了，成为图中这种样子。

【上下身礼服】

武家礼服的一种，上身是肩衣，下身是和服裤。材质均为麻布，素色或有小花纹。

添加家纹的位置是左右胸前、背部、裤子腰部衬板四处。原本上下身是同色、同花纹的，和现代的西装一样。上下身花纹不同的称作『拼接款上下身礼服』，变成了平时穿的服装（江户后期时也用作公服）。

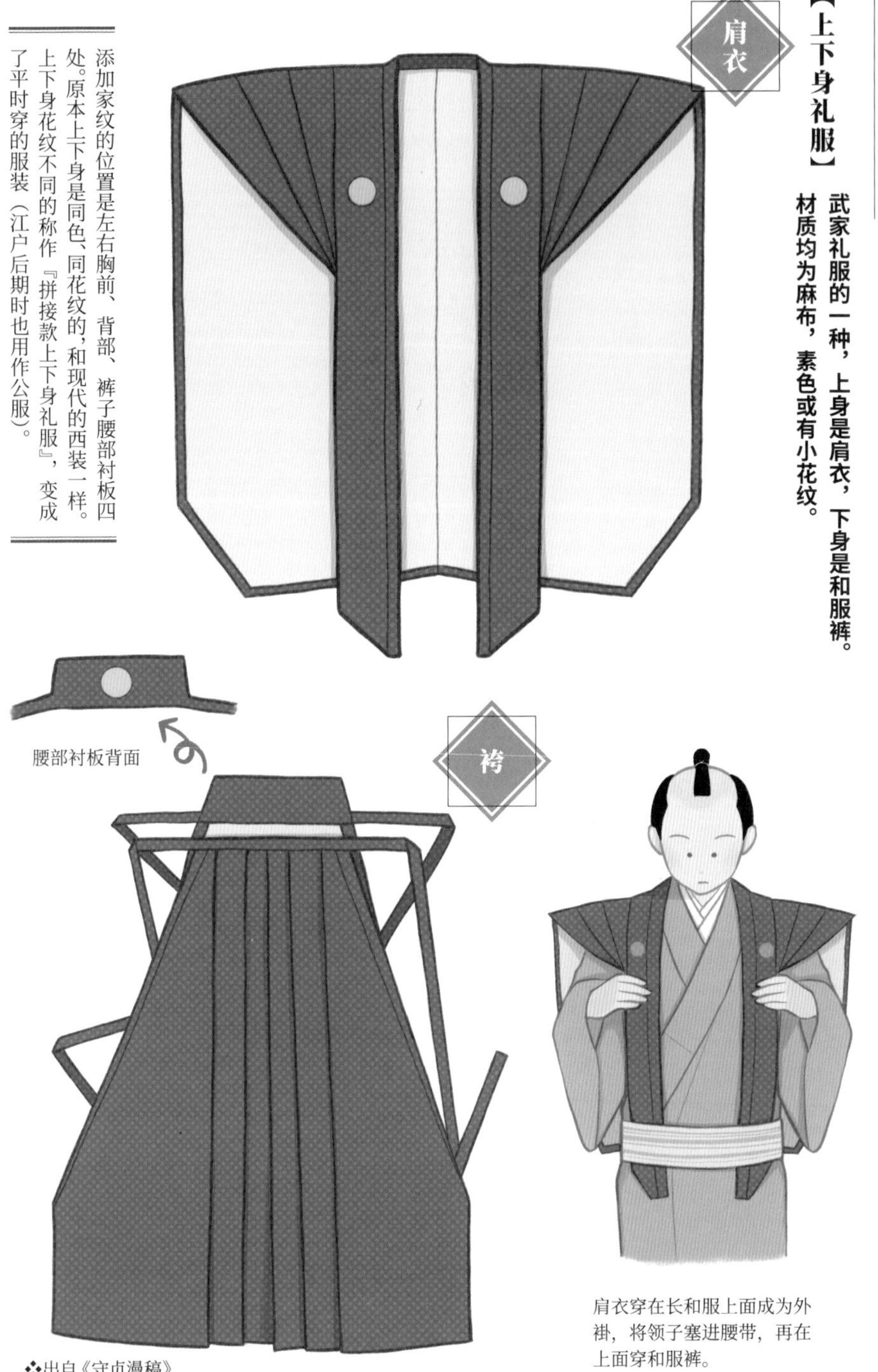
肩衣
袴
腰部衬板背面

肩衣穿在长和服上面成为外褂，将领子塞进腰带，再在上面穿和服裤。

❖出自《守贞漫稿》

【熨斗目】

武士穿在长款上下身礼服里面的小袖。腰部处织有线条或方格纹。

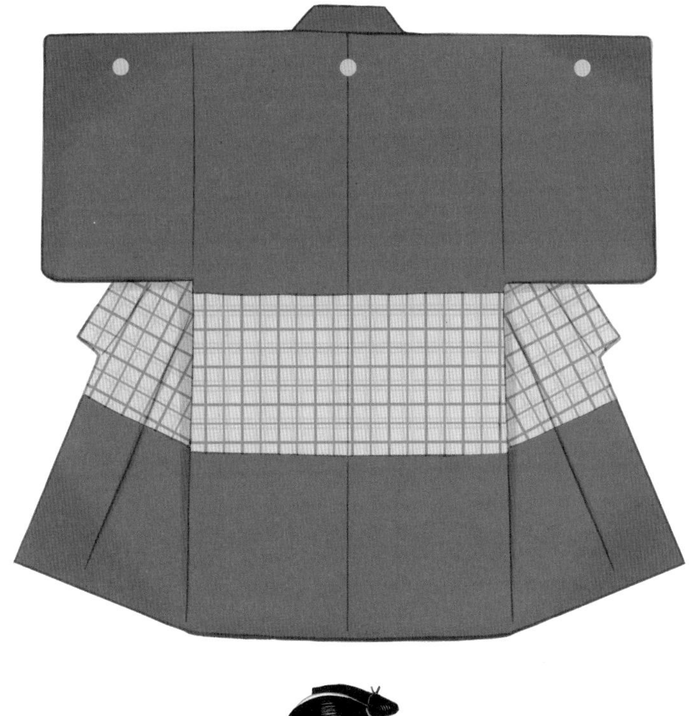

熨斗目原指织得坚韧的熟纬（以生丝作经线、熟丝作纬线，平织而成的绢），江户时代，由于上下身礼服里面穿的小袖是用这种布料制作的，不知不觉就把武士穿在露腰的礼服里面的小袖也叫作熨斗目了。熨斗目只在腰部有方格纹、叠层纹、条纹或碎纹等织纹。在武士严整的礼服上得以窥见时尚元素，真让人欲罢不能。

从和服裤的缝隙间能瞄到花纹，这样最棒了

【大银杏】

江户时代后期代表性的武士发髻。和市民不同，发包不鼓凸，梳得非常紧。

【若众髷】

元服前的发型。顶部头发剃掉，保留额发，梳成发髻。

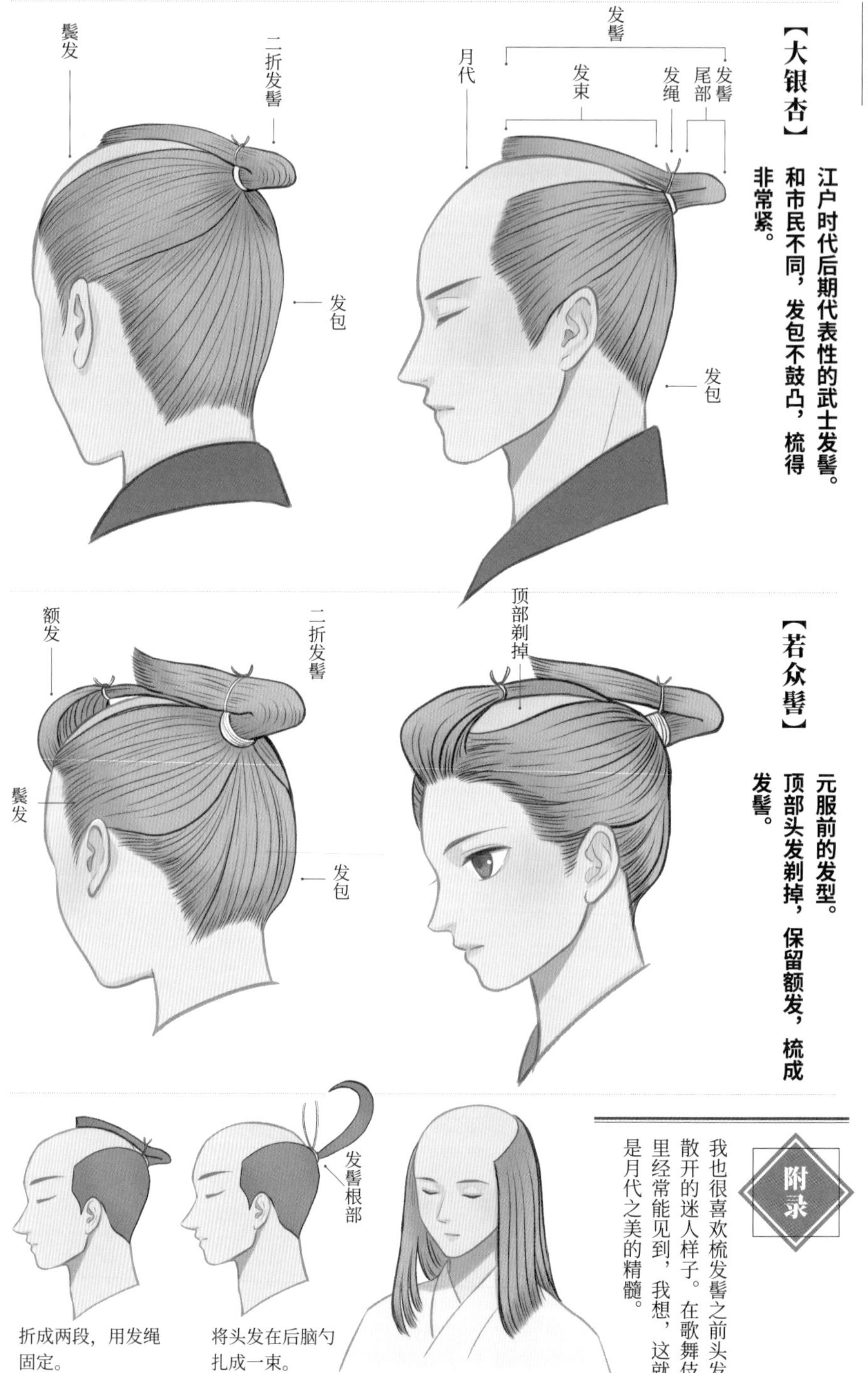
鬓发
二折发髻
发包
发髻
月代
发束
发绳
尾部
发髻
发包
额发
二折发髻
鬓发
发包
顶部剃掉
发髻根部
折成两段，用发绳固定。
将头发在后脑勺扎成一束。

附录

我也很喜欢梳发髻之前头发散开的迷人样子。在歌舞伎里经常能见到，我想，这就是月代之美的精髓。

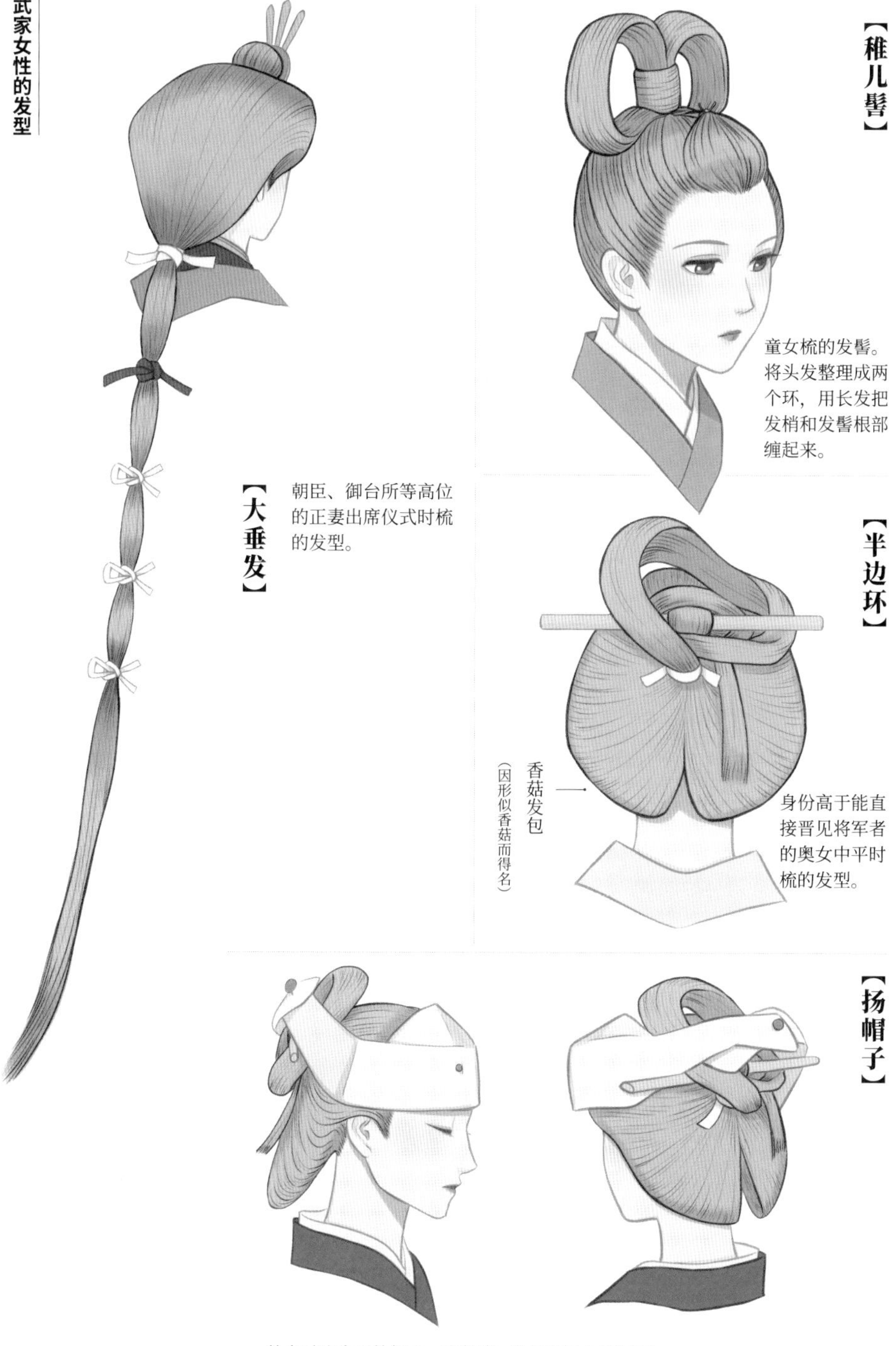
香菇发包
（因形似香菇而得名）

【稚儿髻】

童女梳的发髻。将头发整理成两个环，用长发把发梢和发髻根部缠起来。

【大垂发】

朝臣、御台所等高位的正妻出席仪式时梳的发型。

【半边环】

身份高于能直接晋见将军者的奥女中平时梳的发型。

【扬帽子】

外出时防尘用的帽子。在额发、发髻处插上针固定。

【提带】
高级奥女中夏季礼服系腰卷用的腰带。
塞进团起的厚纸，支撑带子
腰卷用的单衣（麻制）
采用绘有奢华吉祥图案的小袖
【挂带】
高级奥女中在小袖上系的腰带。冷的时候可以把手放进去取暖。
【矢字结】
高级奥女中的腰带系法（▶101页）。

女性随身携带的包袋兼具实用性与装饰性，很多包袋在花纹的可爱程度上都不输衣物。

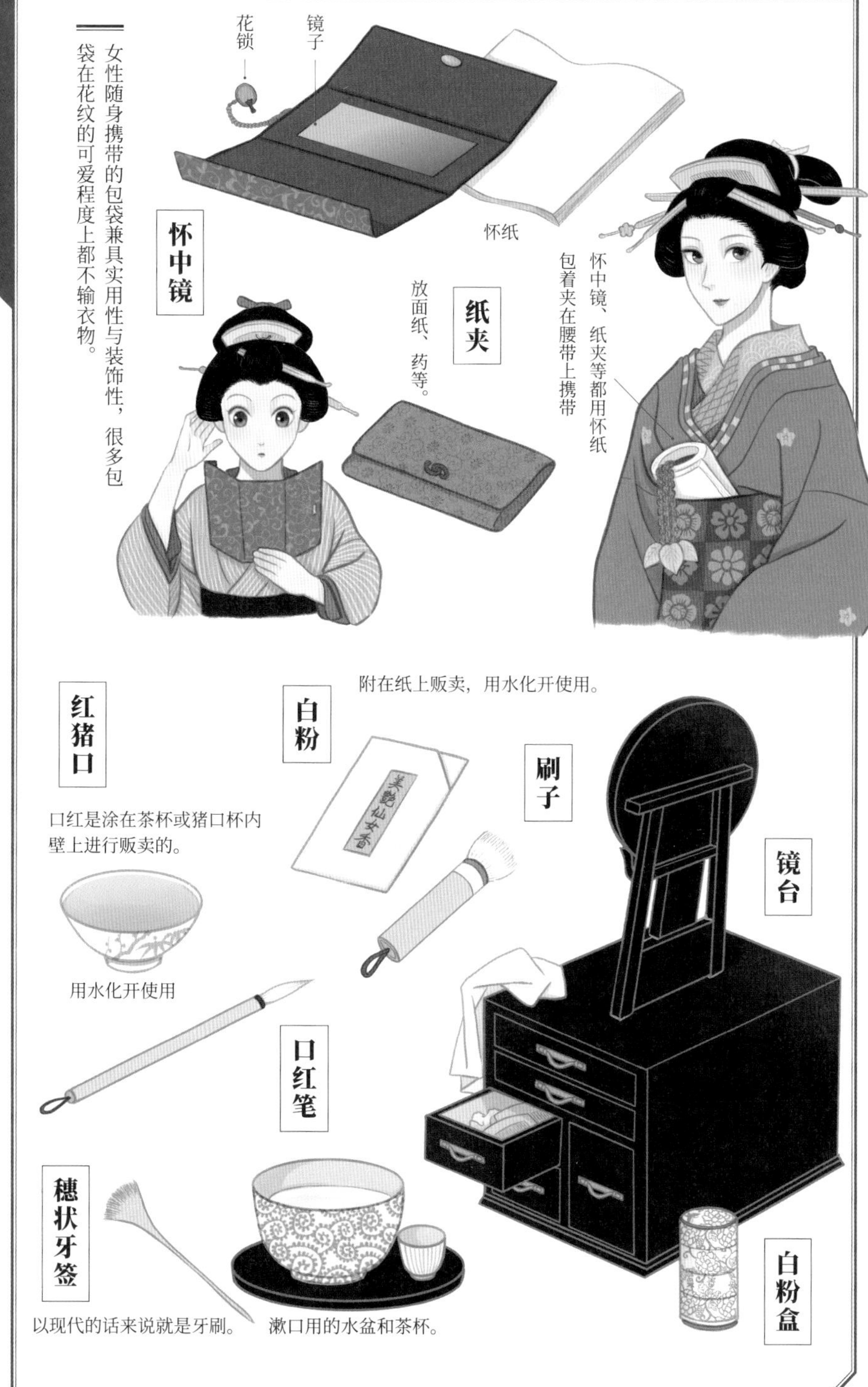
花锁
镜子
怀纸
怀中镜
纸夹
放面纸、药等。
怀中镜、纸夹等都用怀纸包着夹在腰带上携带
附在纸上贩卖，用水化开使用。
红猪口
口红是涂在茶杯或猪口杯内壁上进行贩卖的。
用水化开使用
白粉
美艳仙女香
刷子
镜台
口红笔
穗状牙签
以现代的话来说就是牙刷。
漱口用的水盆和茶杯。
白粉盒

锦上添花的各种发饰，在开始梳发髻的江户时代之后，对女性来说成了必需品。

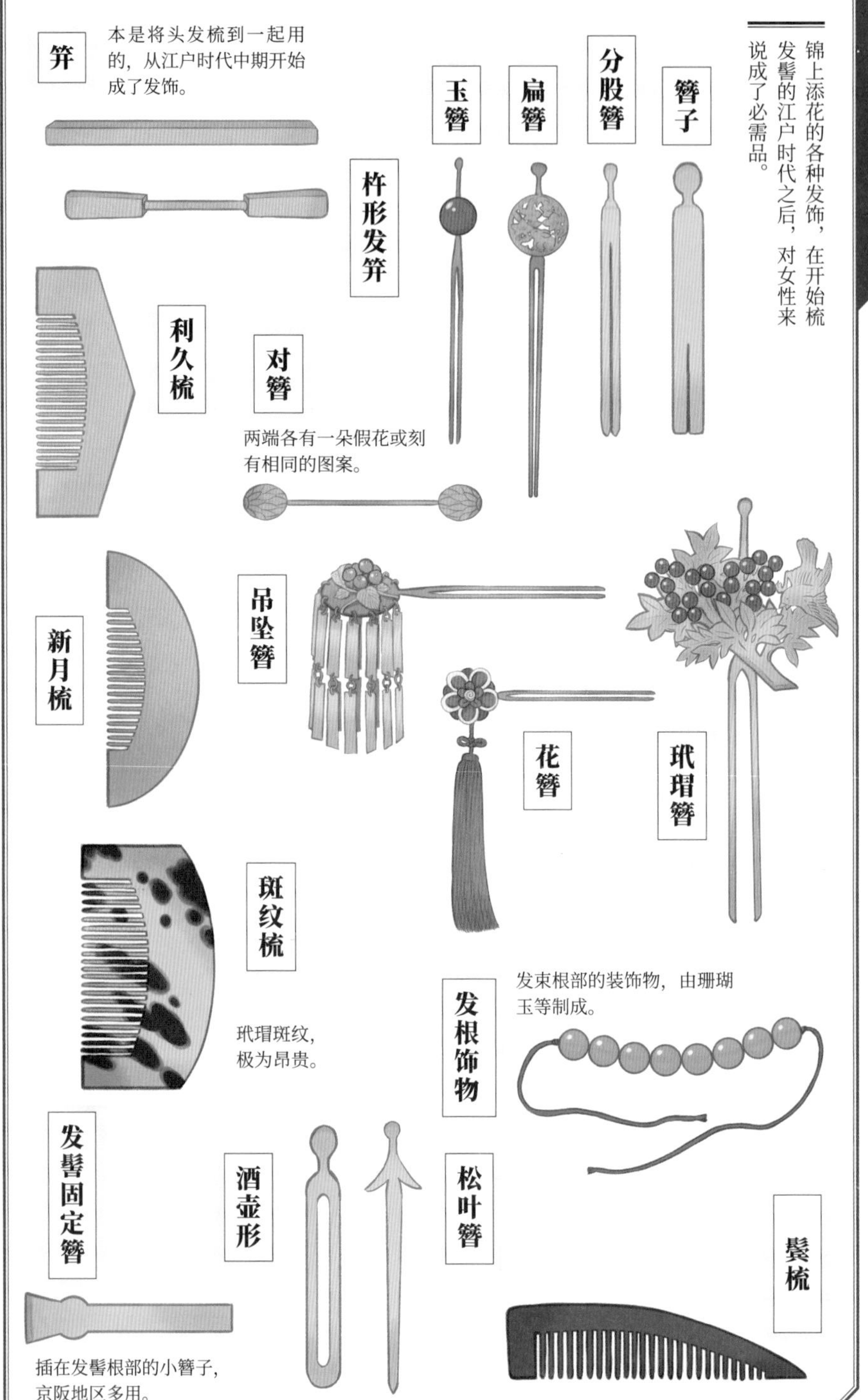
笄
本是将头发梳到一起用的，从江户时代中期开始成了发饰。
杵形发笄
玉簪
扁簪
分股簪
簪子
利久梳
对簪
两端各有一朵假花或刻有相同的图案。
新月梳
吊坠簪
花簪
玳瑁簪
斑纹梳
玳瑁斑纹，极为昂贵。
发根饰物
发束根部的装饰物，由珊瑚玉等制成。
发髻固定簪
插在发髻根部的小簪子，京阪地区多用。
酒壶形
松叶簪
鬓梳

第三章

以曲艺为业的人们

役者

江户时代中期

二代目濑川菊之丞是江户出身的第一位女形，拥有超凡的气质。他的美貌据说连阎罗王也为之倾倒。一般叫他『王子路考』（▼104页、105页）。

樱花与云图案的腰带
家纹是结绵
裲裆的图案是菊与凤蝶

出自石川丰信《濑川菊之丞》

役者

江户时代初期至中期

活跃于江户时代初期至中期的初代岚喜世三郎。

舞台上用的，相当长的刀
野郎帽（▼106页）
刀的护手形状是连缀的钉拔
擅长演果蔬店阿七（八百屋お七）一角，因为他的衣服上用了『圆中封口书信』的家纹，后世阿七的役者衣服上都会加上这一纹样
长烟管和荷包形烟草袋的设计。非常现代的一件小袖

❖出自奥村政信《初代岚喜世三郎》

役者

江户时代初期

元禄年间（一六八八至一七零四年）具有代表性的女形——水木辰之助。

咏诗用的纸笺
海鸥发包（▼9页、▼30页）搭配若众髻（▼34页）
遮挡月代的紫色绉纱帽子叫作『野郎帽』（▼106页）
剑车与水波纹的振袖

出自月冈芳年《月百姿 水木辰之助》

役者

江户时代中期

由南洋贸易带来的雨披在江户时代初期是上级武士权威的象征。到了中期，装饰性上升，比起实用性更注重时尚元素。

佐野川市松是在宽保元年（一七四一年）从京都来到江户的，变得非常受欢迎。另一出名原因是市松图案因他得到流行。

鹡鸰发包（▼30页）搭配若众髻（▼34页）

上衣是长雨披（▼98页）

石板纹后称市松纹

家纹是圆中一个『同』字

蛇目伞（▼141页）

❖出自石川丰信《手持灯笼与伞的佐野川市松》

役者

江户时代中期

女形役者。出自元文二年（一七三七年）于中村座初次演出的《阿仙发疯》。

一字包头巾

岛田髻搭配海鸥发包（▶30页）

上衣脱下两袖

中启（半开折扇）插在腰带里

手持带御币[①]的竹叶跳舞

铁线莲花纹的振袖

①御币：供神用的类似纸笺的用具。过去用麻布等制成，后来一般用纸。

出自宫川长春《女舞图》

役者

江戸時代後期

二代目小佐川常世是受欢迎程度仅次于四代目岩井半四郎、三代目瀬川菊之丞的著名女形。东洲斋写乐画的役者图非常有名。

紫帽
（▼106页）
灯笼鬓
（▼31页）
肩衣+和服裤
在亮相与继承师名等重要的仪式上穿的礼服
二代目小佐川常世的家纹是圆中三枚地锦叶，因此衣服上饰有三叶地锦
和服裤

❖出自鸟居清长《小佐川常世与随从》

艺人

江户时代后期

她在模仿在人家门口卖艺的乞讨艺人，一个名叫三河万岁的男子二人组。像白拍子舞一样，充满女扮男装的魅力。这一位是负责击鼓演奏的才藏（三河万岁中还有一位负责跳舞的太夫）。

武士乌帽子（▼63页）
岛田髻（▼30页）
鼓
具有狩衣元素的上衣
衣摆上有樱花图案的振袖

出自歌川丰春《女万岁图》

色子

江户时代后期

文化、文政年间（一八零四至一八三零年）的歌舞伎少年。

这一时期的若众髻较为粗大（▼34页）
折扇
黑羽织
菊花
条纹小袖

❖出自溪斋英泉《今容美人姿 色子》

役者

江户时代后期

美男子中的美男子，三代目尾上菊五郎的穿衣法。

这件长雨披（▼98页）上饰有清朝公服龙的图案（龙、云、岛的组合）
菊五郎格纹小袖（▼102页）
海与松叶图案的中衣（▼6页）

另外，据说三代目的爱好是园艺，居住的地方甚至有种植室。美男子搭配园艺，真可爱。

出自歌川国贞《寺岛松隐居 梅幸别庄雪之景》

艺伎

江户时代后期

女伊达（行动像男伊达一样的女性，女侠客）**的身姿。吉原俄**（吉原游行时表演的即兴滑稽剧）**时穿的服装。**

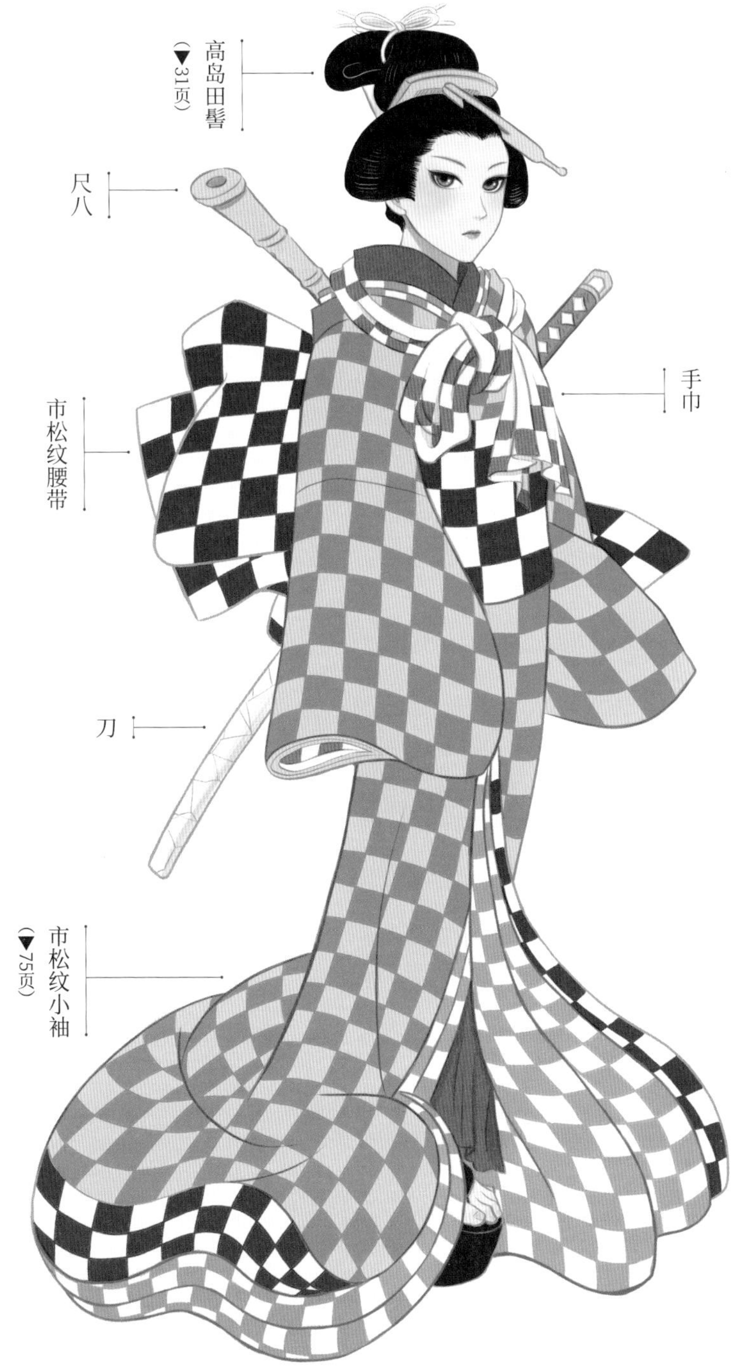

高岛田髻
（▼31页）
尺八
手巾
市松纹腰带
刀
市松纹小袖
（▼75页）

❖出自歌川丰清《新吉原仁和歌 女伊达浪花湊》

役者

江户时代后期

三代目尾上菊五郎。江户男子的防寒装束看起来很厚实。

月代（▼66页）的部分很冷，用头巾护住
蛇目伞（▼141页）
格纹长雨披（▼98页）
细筒裤
小袖的衣摆
短布袜
脚尖处附有挡泥板的木屐

出自胜川春扇《江户八景 隅田川暮雪》

艺伎

江户时代后期

裹在大衣里的冬日美女。

松散岛田髻
（▼31页）
江户时代的大衣——『披风』（▼99页）。是雨披的一种，女性款的特征是带翻领的圆领以及腰身长度。衣领不用扣子而用带装饰穗的绳固定
衣摆的花纹是在水面上游泳的龟
赤脚穿木屐
棉绒（棉质天鹅绒）做的木屐带

❖出自歌川国贞《星霜当世风俗》

役者

江户时代后期

五代目松本幸四郎的冬装。

蛇目伞（▼141页）

用手巾包住脸颊，保护头部

围巾

长雨披（▼98页）

小袖和雨披衬里是同样的小花纹。小小的圆形像角通纹那样排列成规整的花纹

能瞄到一点高丽屋格纹（▼103页）的中衣（▼6页）

积雪走路不便，为防止弄湿小袖的衣摆，穿着齿高而薄的木屐

出自歌川国贞《役者雪月花 雪》

役者

江户时代后期

枕狮子装扮的女形。枕狮子是以能剧《石桥》作为素材的歌舞伎舞蹈。

狮子头
云立涌纹与牡丹图案的中衣(▶6页)。狮子与牡丹是石桥的标志
扎袖子的飘带装饰
黑底的上衣上是龟甲纹与鹤组成的『鹤龟』吉祥图案

❖出自胜川春英《贴画模版 枕狮子》

艺伎

江户时代后期

江户女子在雪天也一样专心打扮。赤脚是艺伎特有的固执。

变体岛田髻（▼31页）
穗饰
披风（▼99页）的图案是流水和八重樱
蛇目伞（▼141页）
衣摆图案是银杏叶和松叶等
雪天也赤脚。由厚实的木屐带稍微获取一点温暖

出自溪斋英泉《江户砂子逢身八契》

艺伎

江户时代后期

盛夏时的艺伎，手持三味线的姿态富有魅力。

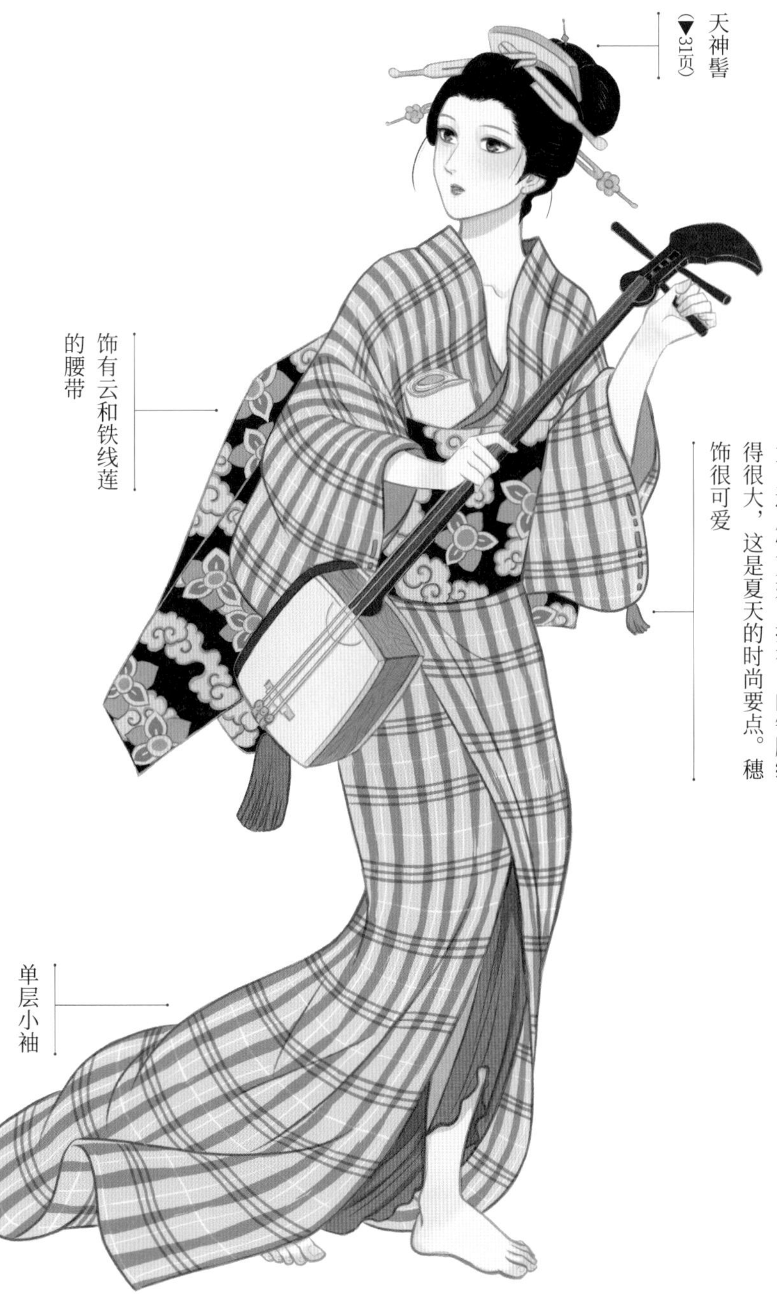
天神髻
(▶31页)
饰有云和铁线莲的腰带
为了通风性更好，把袖口的针脚缝得很大，这是夏天的时尚要点。穗饰很可爱
单层小袖

❖出自溪斋英泉《当世五番岛 东都佃岛》

役者

江户时代后期

五代目海老藏，即七代目团十郎（因长子继承了八代目团十郎之名，故继承海老藏的名号）。

手巾
团七是《夏祭浪花鉴》中的人物。他是卖鱼郎出身的侠客，穿着印有大胆的鱼贝类图案的江户中型①浴衣
能瞄到一点红色的兜裆布

①中型：在现代指用长版印花版印染（中型原指比小花纹大的纸版印染）。其染料是靛青，需要根据图案来制作纸版，在两面涂上糨糊后用靛青浸染，是非常花工夫的货品。

出自歌川国芳《团七 市川海老藏》

役者

江户时代后期

文化至文政年间的超级明星『目千两』，即五代目岩井半四郎的便装。

女形即使下了舞台也要作女性打扮。对于江户人来说，歌舞伎演员是时尚领袖，所以穿便装也不能含糊。

发髻是三轮式
紫帽子（▼106页）
替纹①是六瓣丁香
羽织（▼99页）
唐花七宝纹和叶子图案

❖出自歌川国贞《木场雪》

①替纹：代替家纹。

艺伎

江户时代后期

华丽的大阪艺伎。

轻巧地插在发髻末梢上的是发髻卡子。《守贞漫稿》中说它『以往在江户都是无用的道具』，只有京阪地区的人会用

腰带上是圆环外带有长柄勺的水车图案，叫作『柄勺车』或『槌车』

支撑腰带的丝编绳

出自歌川国贞《从大阪道顿堀太左卫门桥向西眺望图》

役者

江户时代后期

从文化、文政年间到幕末的大明星，七代目市川团十郎。多才多艺，能扮演各种角色的万能型演员。『歌舞伎十八番』即是由这一位选定的。

手巾

烟管（▼38页）

缀有『三升』家纹的烟草袋。手握卡头（▼38页）

在现代也很常见的『镰刀圆环ぬ字』图案代表着江户人的气魄，在江户时代初期为町奴（男伊达）所好，后来因为七代目用来作为卖鱼郎团七的浴衣穿，又一次在江户的城镇上流行起来。

❖出自歌川丰国《曾我祭毅力比赛 七代目市川团十郎卖鱼郎团七》

役者

江户时代后期

文化、文政年间很受欢迎的女形——五代目瀬川菊之丞。年纪轻轻就当上了立女形，遗憾的是于三十岁便英年早逝了。

天神髻
和银杏环相似，左右各整理成环形发髻、在根部插上簪子（▼31页）
菊花簪
野郎帽（▼107页）
烟管（▼38页）
蝶纹
蝶与菊图案的腰带
菊纹的振袖

蝶与菊的组合受到当时菊之丞的女戏迷竞相模仿。

出自歌川国贞《樱花下的三代目尾上菊五郎》

役者

江户时代后期

文化、文政年间代表京阪歌舞伎界的巨星——三代目中村歌右卫门。文化五年（一八零八年）下到江户，在中村座登台大获成功，成为千两役者，是位反派、英雄主角、女形都能演的役者。

金鱼本多。本多髻的一种（▼33页）
手巾
家纹是祇园守
麻叶纹腰带
点缀着雪花的黑底小袖

❖出自歌川丰国《三代目中村歌右卫门》

役者

江户时代后期

八代目市川团十郎是位因美貌与妩媚的姿态而广受欢迎的名演员，却在三十二岁名望最高之时因不明原因自尽了，度过了短暂的一生。

手巾

吊坠护身符的链子像挎包一样斜挎着（▼39页）

烟草袋上的条纹是三线纹，因为市川家的家纹是三升纹

蓝扎染浴衣

出自歌川国贞《四季花比试 秋》

役者

江户时代后期

弘化四年（一八四七年）上演、《独道中五十三驿》再演版之一的狂言《尾上梅寿一代噺》中的人物——五代目泽村宗十郎扮演的白柄十右卫门。

手巾
襦袢的图案也是骷髅
饰有骷髅蜘蛛等妖怪的小袖

❖出自歌川国芳《五代目泽村宗十郎的白柄十右卫门》

艺伎

江户时代后期

女性的冬季防寒装束。

御高祖头巾（▼16页）
手巾
腰带上是青色的条纹与山茶花
橘子家纹
樱花图案的中衣（▼6页）
衣摆上有带家纹图案的和服
赤脚是花街人士的坚持

出自溪斋英泉《浮世姿 梅公馆》

艺伎

江户时代后期

穿着全身包裹型外套的样子。把御高祖头巾前端塞入衣领，连脖子都有保暖措施。

御高祖头巾

手巾

雨披叫作『旅行衣』

捋腰带（▼15页）系在腰部

伞

❖出自歌川国贞《本朝风景美人竞赛 大和吉野》

雨披是室町时代后期至江户时代时的雨具兼防寒服。语源来自通过南洋贸易传入的『Cape』一词（和合羽『かっぱ』谐音）。因为南洋的僧侣穿过，所以披风状的外套也称『和尚雨披』。后来经过改良，为了适应和服而加上了袖子，雨披成为兼具时尚元素与实用性的外套，为人所喜爱。

【和尚雨披】

无袖的斗篷状雨披。

【长雨披】

一开始是武家、医生、僧侣等穿的。到了江户时代中期，装饰性加强，市井的男性、少年、歌舞伎演员等也喜欢穿。不仅在城市中流行，也推广到了农村，到后期还为一般女性广为穿用。

【半雨披】

扣子

在无袖的披风状雨披上加上袖子。

主要是平民穿的

【女式羽织】

关于女性穿的外褂

披风是主要由女性穿的防寒服，特点是有方形或圆形的领口和编绳结的扣子。不是用纽扣，而是用带有穗饰的绳子固定。

除女性之外，在江户时代后期也为喜好俳谐的人和从事茶道的人所穿用。

羽织主要是作为男性的衣物而得到发展的，不过，从元禄年间（一六八八至一七零四年）起，女性也开始穿了。尽管颁布了禁令，但宝历年间（一七五一至一七六四年）深川的艺伎还是很喜欢穿羽织，羽织大受欢迎。宽政改革时热度一度衰退，但到了幕末时，连武家的妇女也会穿，成了一般的服装。

❖出自二代歌川广重、歌川国贞《江户骄傲三十六兴 目黑不动饼花》

【女式披风】

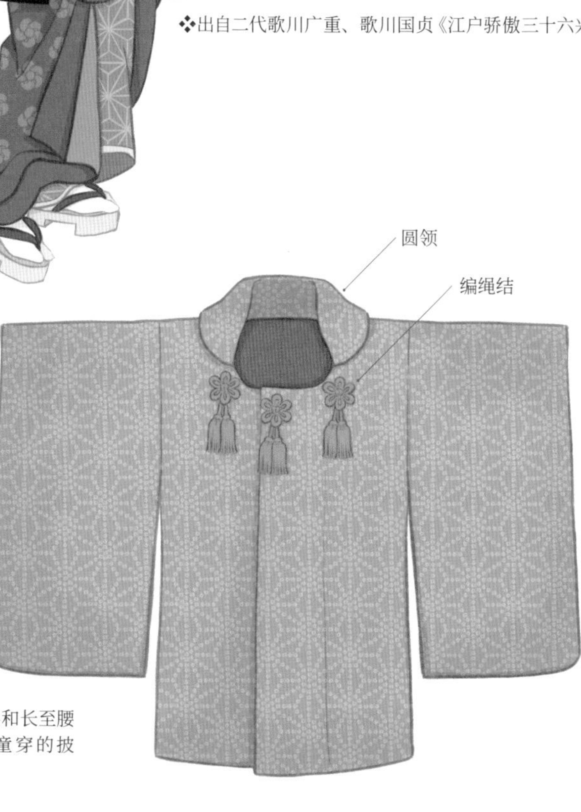
圆领
编绳结

衣长分为长至衣摆和长至腰下两种。也有女童穿的披风，有肩褶。

江户时代初期至中期时，不论男性还是女性都用细带，系法也很少。随着时代进步，腰带变宽、变长，系法也丰富起来。与歌舞伎演员相关的系法也很多。

【变体文库结】

和小万结一样，也同现代的文库结近似。

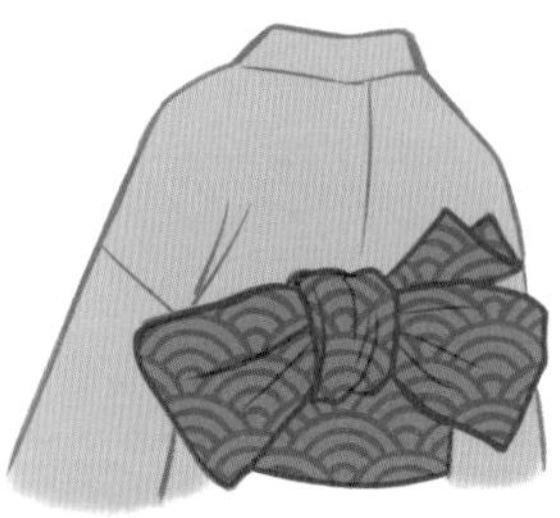

【小万结】

来源于歌舞伎人物“奴小万”，近似现代的文库结（浴衣的传统腰带系法）。

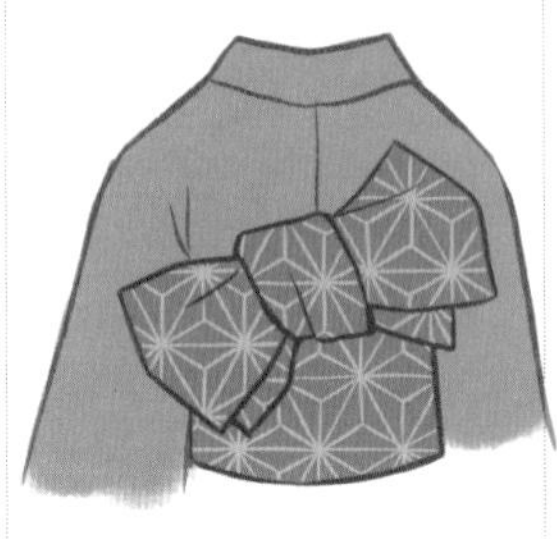

【名护屋带】

安土桃山时代至江户时代初期。将丝编绳系成蝴蝶结。

【水木结】

由元禄时的女形演员水木辰之助开创，吉弥结的进化版。

【吉弥结】

因元禄时京阪地区的女形演员上村吉弥系过而盛行。

【歌牌结】

江户时代初期。结的部分看起来像并排的三张歌牌，因而得名。

【路考结】

著名女形演员二代目赖川菊之丞在舞台上用过，因而盛行。

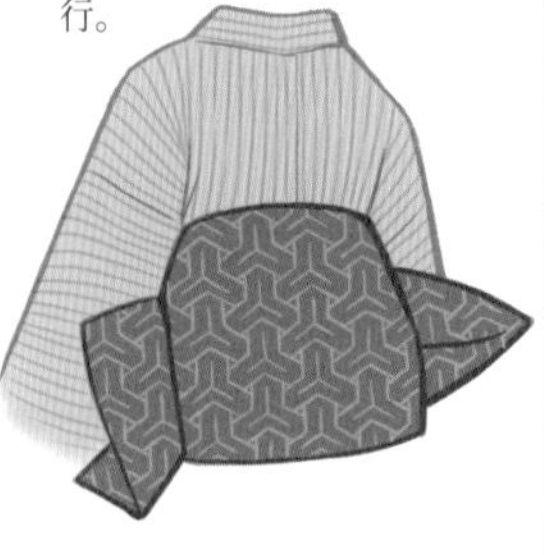

【平十郎结】

据说由京阪地区的歌舞伎演员三代目村山平十郎开创。

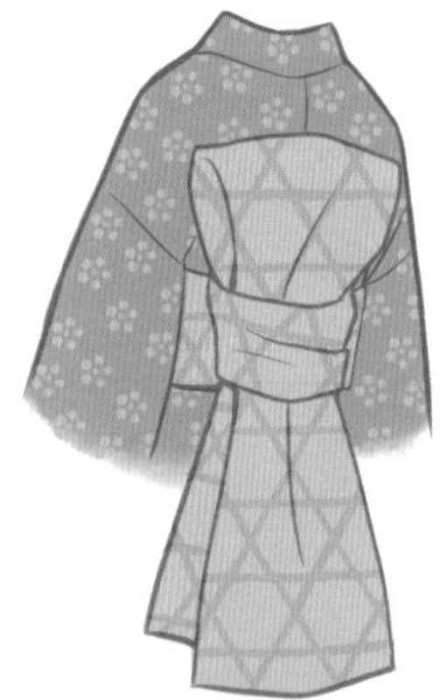

【垂结】

把腰带末端下垂的部分放得比较长的系法。

【小龙结】

露角的系法。

【千鸟结】

露角的系法。

【文库结】

和现代的文库结形状不同。

【小矶结】

露角的系法。

【矢字结】

据说由著名女形演员二代目濑川菊之丞开创，甚至风行至高级奥女中之间。

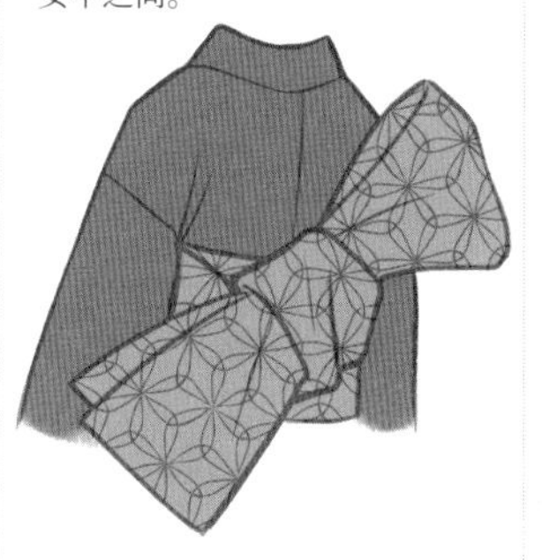

【良雄结】

和路考结一样，也是露角的系法。

【新古结】

露角的系法。

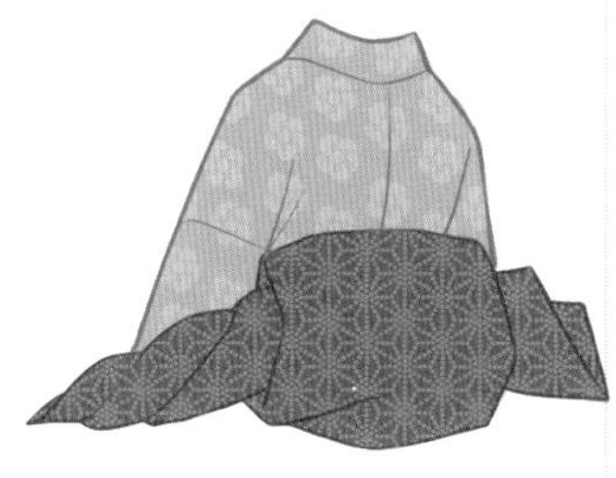

【单结】

江户也称长垂结。

【竖结】

纵向的一字结。年轻女孩的系法。

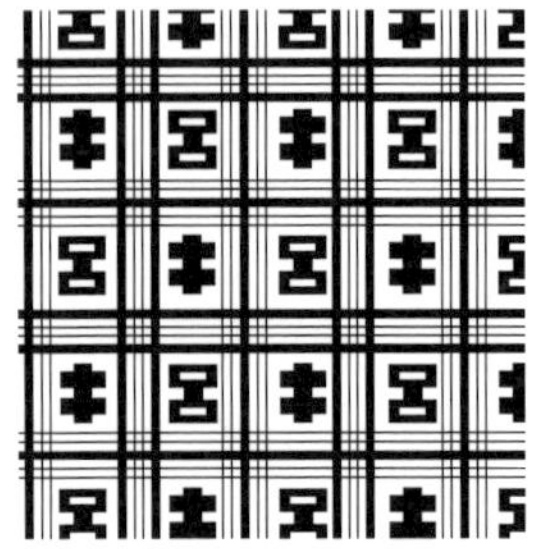

菊五郎格

三代目尾上菊五郎开创的格纹。四条线和五条线构成格纹，格子中间是“キ”字和“呂”字交叉排列，“キ九五呂”谐音“菊五郎”。

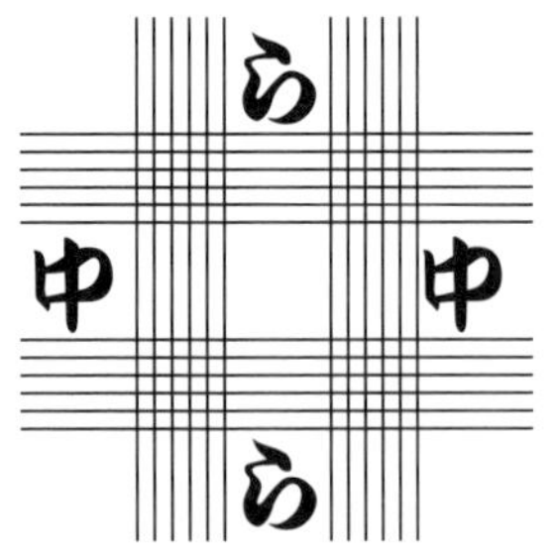

中村格

与中村勘三郎相关的纹样。纵横各六条线构成的格子中间有“中”字和“ら”字，“中六ら”谐音“中村”。

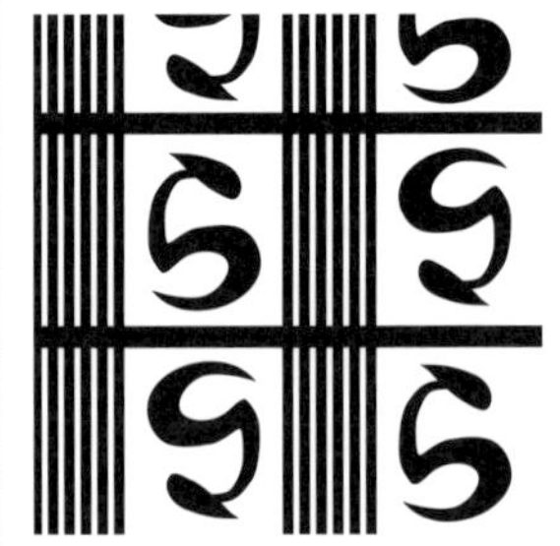

市村格

由十二代目市村羽左卫门开创。横向一条线、纵向六条线的格子与“ら”字构成“一六ら”，谐音“市村”。

斧琴菊

三代目尾上菊五郎开创的格纹。“听吉事”的谐音字谜。琴柱表示琴。

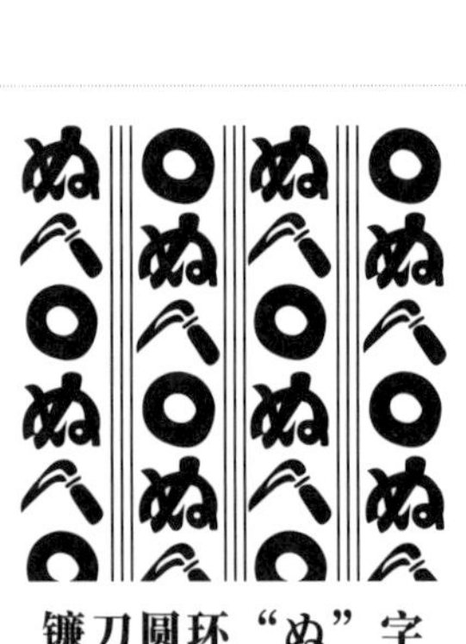

镰刀圆环“ぬ”字

“镰刀”“圆环”和“ぬ”这三个字连起来读成“かまわぬ”，谐音字谜。因七代目市川团十郎而流行。

几种由歌舞伎起源的高雅纹样。在现代也很常见。

❖出自丰原国周《菖蒲浴衣侠客装》
十三代目市村羽左卫门（五代目尾上菊五郎）

活跃于文化、文政年间到天保年间的歌舞伎演员——五代目松本幸四郎，穿着高丽屋格的浴衣，手里拿着从园子里剪下的菖蒲。

❖出自歌川国贞《俳优日时计 未之刻》

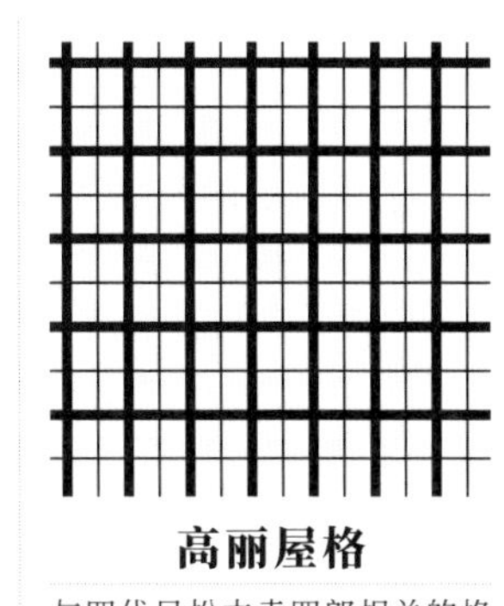

高丽屋格

与四代目松本幸四郎相关的格纹。宽线条的格子中间插入纵横的细线。因为在《铃之森》中被用作幡随院长兵卫的服装而闻名。

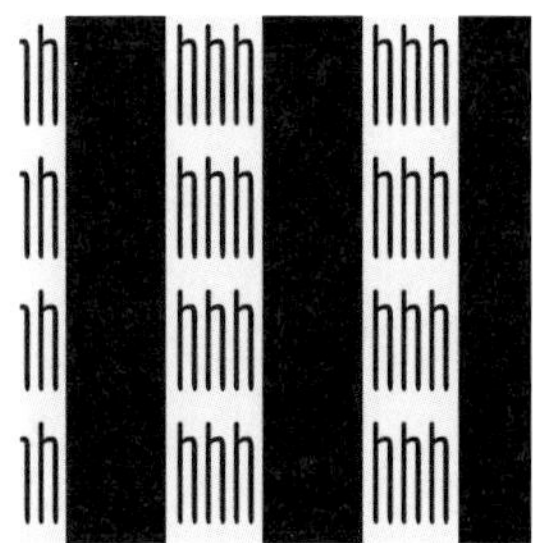

仲藏条纹

排着三列人字的竖条纹与宽的竖条纹交互排列。因天明年间初代中村仲藏用来做毛剃久右卫门的服装而流行。

三大条纹

源于三代目坂东三津五郎的家纹“三大”。每组三条线之间连续排列着“大”字。

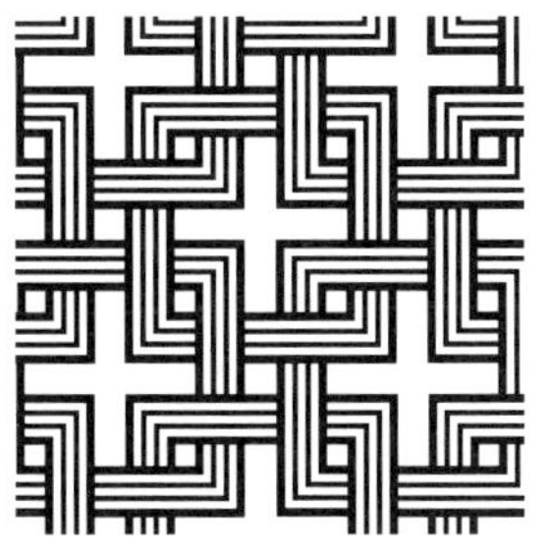

六弥太格

嘉永年间八代目团十郎扮演冈部六弥太时用的服装，因此流行，即三升连排图案。

观世水

设计成水流漩涡的流水纹样，是能乐观世家的家纹，因泽村原之助（即四代目泽村宗十郎）而流行。

江户时尚的革命者
【二代目濑川菊之丞】

宽保元年（一七四一年）至安永二年（一七七三年）

屋号：滨村屋
通称：王子路考①
家纹：结绵

五岁时成为初代濑川菊之丞的养子，走上演艺之路。第一位江户出身的女形演员（当时的歌舞伎演员大部分都是京阪出身）。因为来自武州的王子村，被叫作『王子路考』。对于明和年间（一七六四至一七七二年）的时髦女形来说是不可或缺的人物。他为女性的时尚潮流带来了巨大的影响，所引起的热潮竟持续了七十年。与他有关并被冠以他的名字的有路考茶、路考结、路考梳、路考发髻等等。他的家纹结绵纹也流行于年轻女性之间。而且，他虽身为男性，却与『明和三美人』中笠森的阿仙、柳屋的阿藤并列，被画在锦绘上。由此可见他的声望与美貌，江户无人能否认。

①王子路考："路考"的俳号。

出自鸟居清广《濑川菊之丞 华丽少女》

【路考发髻、路考鬓发想象图】

发包与鬓发看上去
连成一体

❖出自胜川春章、一笔斋文调《绘本舞台扇》

【路考梳】

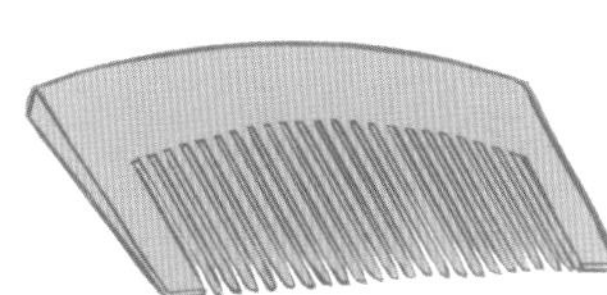

※想象图

因俳号“路考”而流行起来的梳子。详细因由不明。

【路考结】

舞台上用的系法出了名，流行了起来。

【路考茶】

明和三年时《蔬果店阿七恋江户染》中所使用服装的颜色，随“路考”的俳号得名。

【路考少女】

当时，人们对像菊之丞一样美丽的女子，会心怀赞赏地称其为“路考少女”。

女形演员的野郎帽

担心因少年风俗引起风纪紊乱的幕府于承应元年（一六五二年）禁止了少年歌舞伎。不得不剃掉额发，却又不愿露出月代的歌舞伎演员就用手巾盖住前额，发明了『野郎帽』。与额发相比有过之而无不及的这种美的意识迷住了人们。

【江户时代初期】

十八世纪上半叶。也称水木帽子。

【江户时代中期】

十八世纪下半叶。布的尺寸变小了。

【江户时代中期】

十八世纪末期。用较小的布片盖住眉间。

【江户时代后期】

十九世纪上半叶开始。用带有家纹的别针固定在额发上，在现代也能在女形演员的假发上见到。

野郎帽有紫色、淡绿色、姜黄色等多种鲜艳的颜色。其中紫色的印象尤其强，甚至说到野郎帽就会联想到紫帽子。

【野郎帽】

十七世纪中叶少年歌舞伎遭到禁止时，为了遮盖剃掉的额发而想出来的。

【袖头巾】

在筒状的布上开口，形似袖子，因而得名。花街行家常用。

【宗十郎头巾】

由歌舞伎演员初代泽村宗十郎开创。在长筒的角头巾上加上护颈。

【鼻下】

歌舞伎《被砍的与三郎》①的戏服，因剧目而出名。

【铁火】

因性情刚烈（侠气）的人喜欢用而得名。

【吉原帽】

将对折后的手巾的两端在发髻后面系起。花街艺人等用。

【米店头套】

本来是米店为了防尘戴的帽子。

【颊冠】

防暑、防寒、防尘等。

【颊冠】

把手巾盖在头上，在下巴下面系起来。

①《被砍的与三郎》：歌舞伎剧目。

吾妻木屐
因名叫吾妻的游女得名。

两齿的间隔很宽
芝玩木屐
因三代目歌右卫门得名。

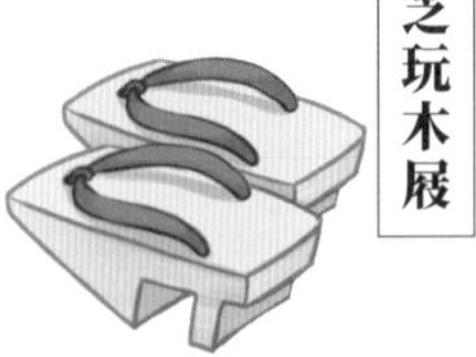
芝玩木屐
因初代中村歌右卫门得名。

日和木屐
晴天用，齿低。

堂岛
因大阪的堂岛商人得名。

后圆

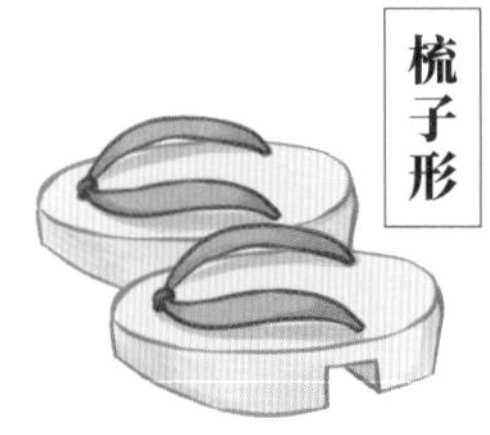
梳子形

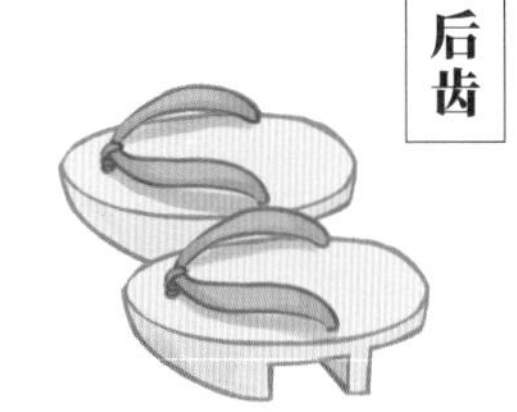
后齿

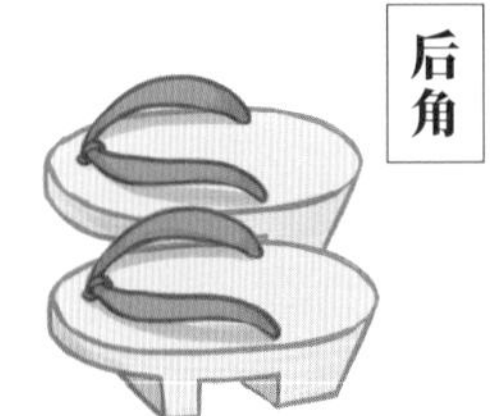
后角

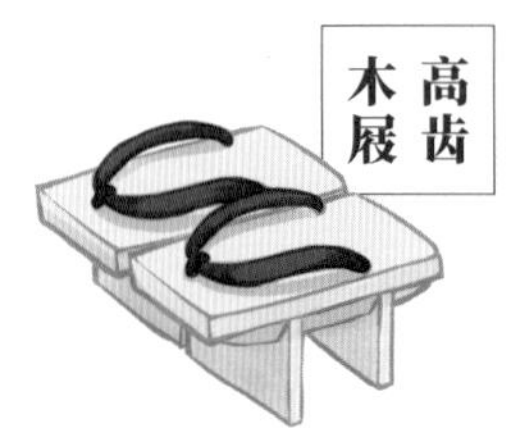
高齿木屐
男性在雨雪天穿的高齿木屐。

高齿木屐
女性在雨雪天穿的高齿木屐。

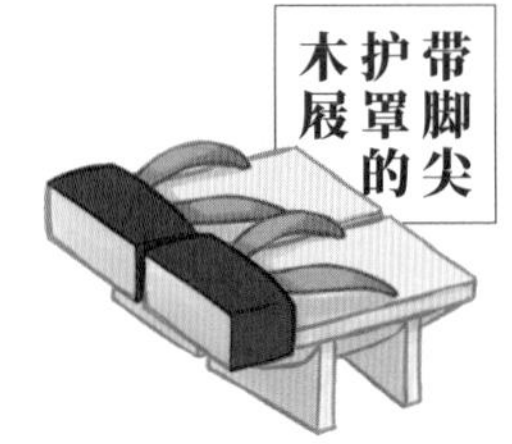
带脚尖护罩的木屐
雨雪天穿。

啪嗒木屐
花街学徒、少女用。

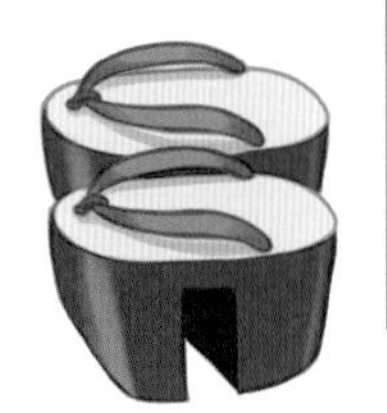
吉原游女款
涂漆的高齿木屐。

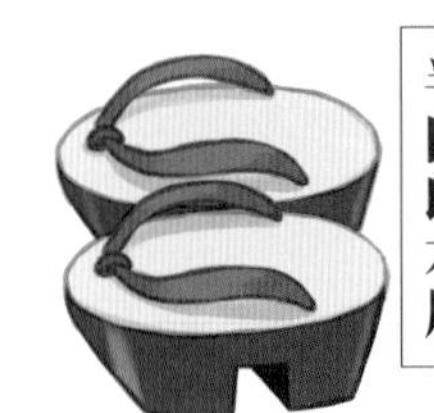
半四郎木屐
因五代目岩井半四郎得名。

第四章

花街的人们

游女

江户时代初期

优美的京阪地区游女。

由『御所风发髻』这种垂发变化而来的发髻。从上流社会传到中流社会，进而传到花街（▼30页）
鹿皮花纹小袖
细带
初期至中期时，袖口窄小
平金（▼9页）裲裆

游女

江户时代初期

宽文年间（一六六一至一六七三年）京阪地区的游女。

从发根束起的垂发（▼30页）
把发包扎得蓬松的做法持续到元禄时期
用鹿皮花纹拼出图案的技法很常用
大胆而豪爽的花朵图案是宽文时期小袖的特点

❖出自《舞妓图》

游女

江户时代中期

一位热衷于佐野川市松的游女。

兵库发髻（▼136页）上插着发笄
斑纹玳瑁梳和发笄（▼70页）
没有发包，利落又凉快
当时被称作『圈圈』的图案
灯笼
佐野川市松的家纹
市松纹

出自石川丰信《手持灯笼与团扇的美人》

游女

江户时代中期

品味高雅的京阪地区游女。

装饰物只有发梳

海鸥发包与岛田髻（▶9页、30页）

鹿皮花纹的红色小袖

蓝底上有柳枝和鹤丸纹的裲裆。鹤丸纹以蹴鞠①的形象表现，就像落穗传说②那样，鹤在日本是神鸟，也是吉祥纹样的代表。

鹤虽然自古为日本人所爱，其实却有过遭到禁止的时期。五代将军德川纲吉之女鹤姬出嫁时开始，鹤字、鹤纹全部禁止使用。在纲吉公的统治时期，与鹤有关的设计成了禁忌。

❖出自西川祐信《立美人图》

①蹴鞠：柳枝和蹴鞠是固定搭配的一组纹样。

②落穗传说：鹤会啄食落在田里的稻穗，是与谷物有关的善鸟。

色子

江户时代中期

明和年间的少年。

视线之下的信说不定是来自客人的
若众髻与鹡鸰发包（▼30页、34页）
羽织是蕨菜图案
箭羽图案的振袖

游女

江户时代后期

妩媚的游女。

扎得像海螺似的贝髻
剪过的额发。将额发剪短，自然下垂
长襦袢是麻叶图案的鹿皮花纹
夏季服装，罗织的小袖。中衣透明的部分很是性感
正在系绘有云龙图案的腰带

❖出自二代喜多川歌磨《游女立姿图》

阴间

江户时代后期

歌舞伎少年。

贝髻（▼115页）
额发上饰有叠粘布手工艺品（缎带）和蝴蝶花簪
肩褶（▼18页）
振袖用简单的绳子临时扎着
红叶纹振袖
和游女、艺伎不同，穿着短布袜

出自歌川国贞《星霜当世风俗 男妓》❖

阴间

江户时代后期

宽正年间芳町的歌舞伎少年。

若众髻
（▶34页）
樱花图案的振袖羽织

❖出自《江户风俗图卷》

游女

江户时代后期

吉原的大店松叶屋雇用的游女——市川。

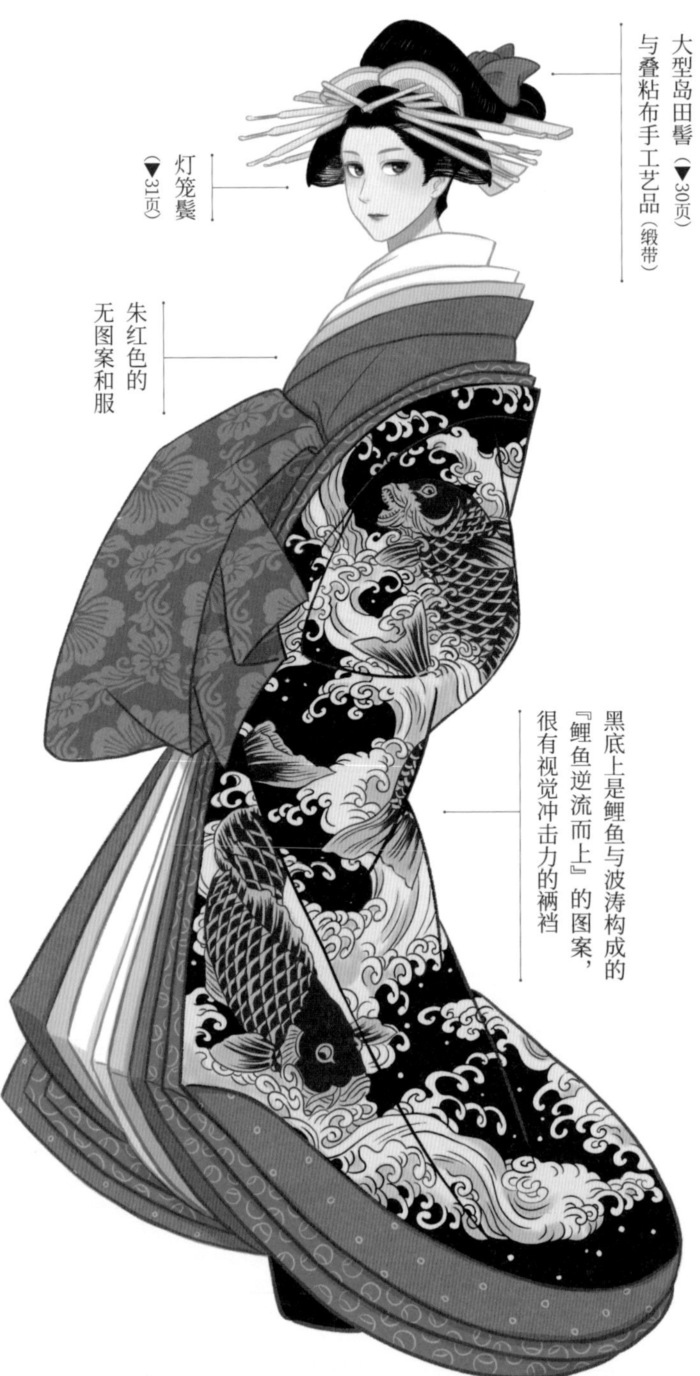

大型岛田髻（▼30页）
与叠粘布手工艺品（缎带）
灯笼鬓
（▼31页）
朱红色的
无图案和服
黑底上是鲤鱼与波涛构成的
『鲤鱼逆流而上』的图案，
很有视觉冲击力的裲裆

出自喜多川歌磨《江户町一丁目松叶屋内 市川》❖

游女

江户时代后期

宽政年间京阪地区的太夫（最高级的游女）**。京阪地区该有的样子，非常优雅而豪华绚烂的着装。**

黑底上饰有菊与雪轮图案的裲裆
飞云与凤凰图案的腰带
秋草纹小袖

❖出自冈田玉山《月下美人图》

游女

江户时代中期

游女正要为客人穿上羽织的时刻。

胜山髻（▼31页）
灯笼鬓（▼31页）
这件羽织的背面绘有铃木邻松的达摩图。平常看不到的羽织背面也要讲究图案，这就是花街行家的风流之处
裲裆的衣摆上是菊花图案
邻松画

出自喜多川歌磨《青楼十二时 卯之刻》

游女

江户时代后期

扇屋中的顶级游女——梯立。

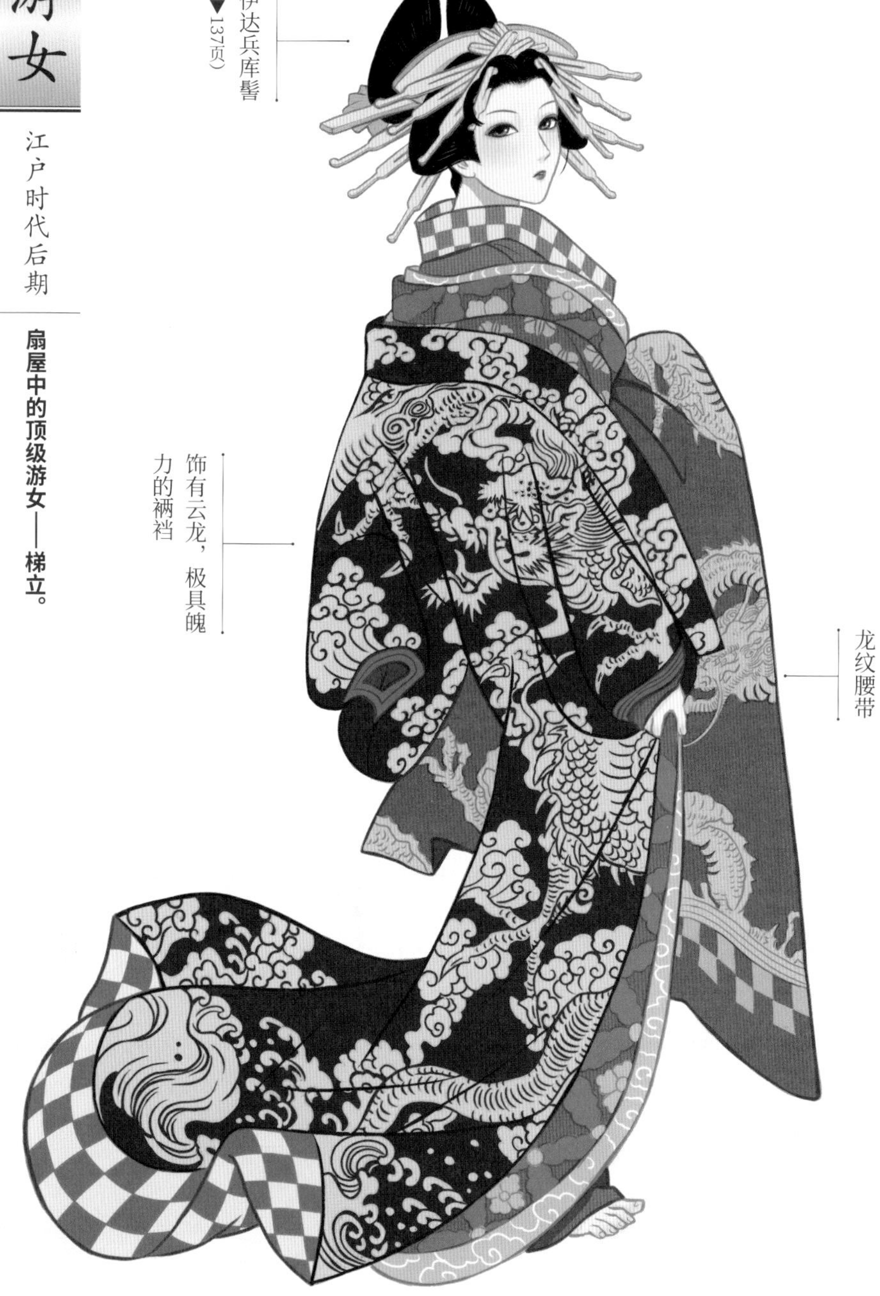

伊达兵库髻
（▼137页）
饰有云龙，极具魄力的裲裆
龙纹腰带

 ❖出自菊川英山《青楼六玉川之山城 扇屋内 梯立》

游女

江户时代后期

吉原花魁，赤莺屋雇用的高筱。

饰有紫藤的粉色裲裆
唐狮子图案的豪华腰带
反窝边①上是云纹

①反窝边：将和服下摆的里子翻折出来，整理成从外面能看到一小部分的样子，里面填入棉花加厚。

出自菊川英山《新吉原临时区 赤莺屋内 高筱》

夜鹰

江户时代后期

她们处在社会最底层，却经常出现在浮世绘里。

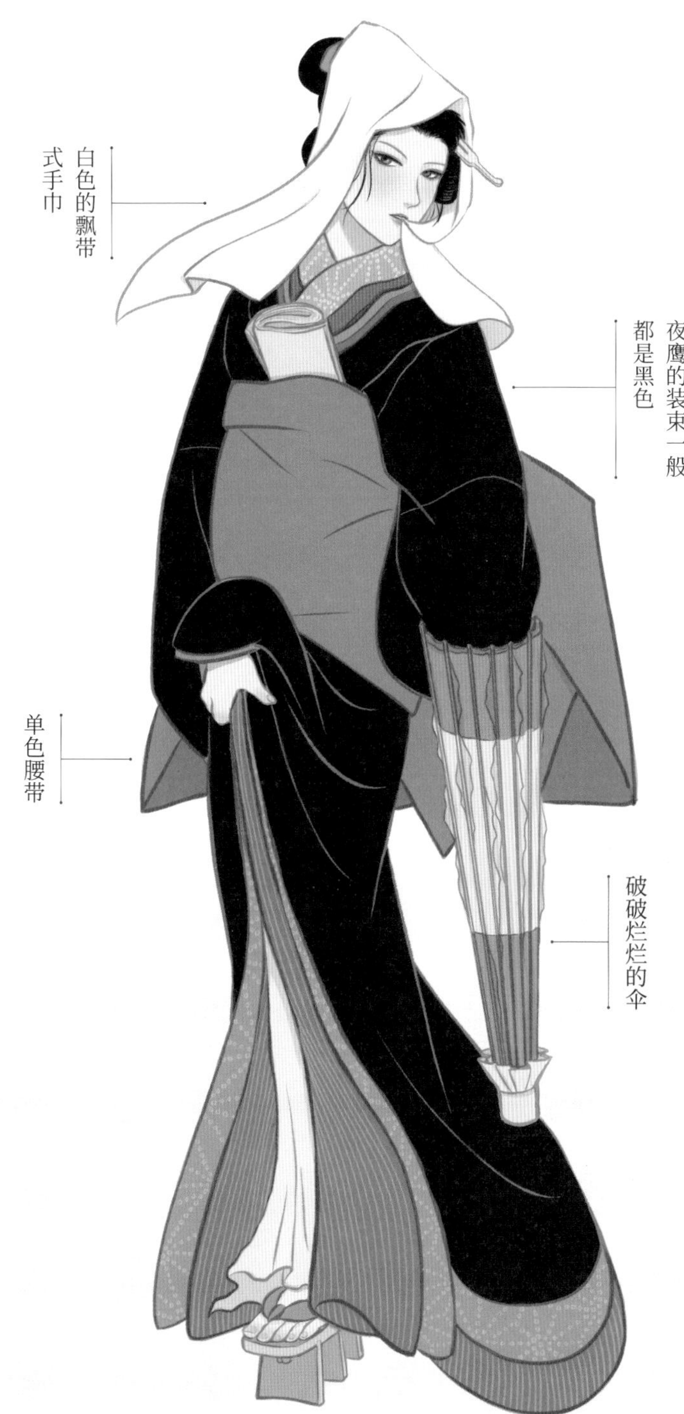

白色的飘带式手巾
夜鹰的装束一般都是黑色
单色腰带
破破烂烂的伞

❖出自歌川丰国《三美人 雪》

游女

江户时代后期

穿着睡袍的样子。

鹿皮花纹上是麻叶纹
包边[①]中衣（▼6页）
格纹上有牵牛花（花、叶、藤）图案

出自溪斋英泉《花魁打镜 日本堤景》❖

①包边：在领口、袖口、下摆包上另一种样式的布制成的小袖。

游女

江户时代后期

江户时代后期，『呼出』指最高级的游女。小袖和中衣上的包边使用更纱，打扮得具有异国风情。

伊达兵库髷
（▶137页）
鹿皮花纹上是麻叶纹
怀纸
曙染，用现代语言来说就是渐变色那样的染色布
光琳风的梅花树图案
更纱

更纱是对十七世纪初通过贸易从印度、泰国、印度尼西亚等地输入的棉布的总称。最初只有从事茶道者和武家等富裕阶级使用，随着时代变迁而扩散到一般阶层。充满异国情调的设计迷倒了江户的人们。

❖出自歌川国贞《浮世名异女图会 东都新吉原呼出》

游女

江户时代后期

用现代语言来说就是把流行的角色周边穿在身上的花魁。

松散岛田髻（▼31页）上插着发笄，绑着鹿皮花纹扎染的发带
包边（▼124页）
中衣（▼6页）
裲裆是黑底上饰有大津绘的大胆设计

大津绘是从元禄时期开始为人所知的，在近江（滋贺县）作为特产销售、用来当礼物的朴素绘画，在全国范围内获得了很高的人气。在衣摆花纹上使用大津绘，给人一种通俗艺术的印象。

出自歌川国芳《游女图》

游女

江户时代后期

吉原的丸海老屋雇用的花魁——玉川。

『唐子』是以穿中国式服装、梳中国式发型的幼儿一起玩耍为主题的图案，自古就受到人们喜爱。

这位游女的纹章是梅花

绘有唐子的腰带

裲裆的衣摆上坐着一只猫

中衣是流水和光琳风的红叶图案（▼6页）

❖出自溪斋英泉《契情道中双禄 见立吉原五十三对 丸海老屋 玉川》

见习新造

江户时代中期

吉原的见习新造——小高。

岛田髻（▼30页）
牡丹对簪（▼70页）。两端饰有假花
这位游女的纹章是阴莺①
黑底上绘有蝴蝶和云纹的腰带，系成竖结（▼101页）
雷纹
菊纹振袖

① 阴：用白色描出轮廓的纹章称作“阴”。

出自溪斋英泉《丸海老屋内 小高 诸国富士尽 都之富士》❖

游女

江户时代后期

高级花魁。八朔①时的吉原，游女有穿白无垢的习俗。

结绵髻（▼137页）上有三枚一组的发梳，共十八根簪子

沙罗织物制成的轻薄裲裆。白底上清淡的松叶图案看起来很清凉

饰有松树和云的砧板形腰带系在胸前，花纹很耀眼

反窝边（▼122页）是黑天鹅绒的

❖出自歌川国贞《江户新吉原 八朔 白无垢图》

①八朔：八月一日。德川家康入江户城的纪念日，对江户人来说是仅次于新年的大日子。

游女

江户时代后期

文化时期时受欢迎的花魁——大文字屋的一本。

饰有菊纹的朱红色中衣（▼6页）
怀纸
绿底上饰有紫色葵白花的裲裆
反窝边（▼122页）上是市松纹

出自菊川英山《青樱六玉川之内 武藏 大文字屋内 一本》

花街人士

江户时代后期

有花街人士①之感的姑娘。系着围裙，可能是茶屋的侍女。

剪过的额发（▼115页）
提灯
扭结（▼31页）
弁庆条纹（▼37页）的半缠
藤纹围裙
条纹小袖

❖出自歌川国芳《春夜景》

①花街人士：指和艺伎、游女有关的人。

游女

江户时代后期

吉原的花魁，稻本屋的小稻，花魁游街装束。

交叉的发梳插法
岛田髻
（▶30页）
有贝壳形装饰的簪子
花魁游街时的腰带、砧板带
背后有个很大的锚。以歌舞伎《义经千本樱》中的碇知盛①为主题
锚绳装饰得很立体，这种在里面加入布料等使其鼓凸的表现方法叫作填料刺绣

①碇知盛：企图向义经报仇的平家余党平知盛战败后，将锚与绳子裹在身上，跳进海中。

出自歌川国贞《丰国锦绘 新吉原江户町二丁目稻本屋内小稻》

花街人士

江户时代中期

午后阵雨时，撑着番伞的姑娘。刚洗过的头发和蓝染和服很潇洒。

番伞（▼141页）
刚洗过的头发扎成马尾
蓝色的鹿皮花纹单层小袖
从汤文字（腰卷）（▼17页）之间能看到白皙的赤足

❖出自歌川国芳《暑中阵雨》

游女

江户时代后期

吉原的花魁，夏季装束。

岛田髻（▼30页）
团扇上绘有当时很受欢迎的画家酒井抱一的蝙蝠图
天气热，为了更好地通风，将袖口改为锁线
曙染（▼125页）
绘有龟的衣摆。直到江户时代中期，龟还被表现为灵兽，到后期则变得真实了。

出自歌川国贞《江户骄傲 仲之町灯笼》

游女

江户时代后期

冈本楼雇用的花魁重冈，外出装束。

垂发
以逆流而上的鲤鱼为主题图案的砧板带
立体菊花形状的填料刺绣（▼132页）
三枚齿的高木屐

❖出自《新吉原京町一丁目 冈本楼内重冈》

【胜山髻】

因当时受欢迎的游女胜山而流行。

【立兵库】

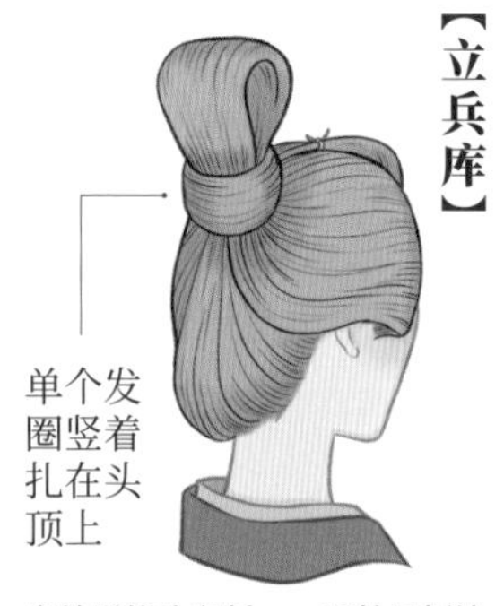
单个发圈竖着扎在头顶上

唐轮髻的改良版。一开始是摄津国兵库的游女扎的发髻。

※横兵库出现后，称作“立兵库”以示区别。

【唐轮髻】

从中国传来，在游女、歌舞伎界人士之间流行。

【大岛田髻】

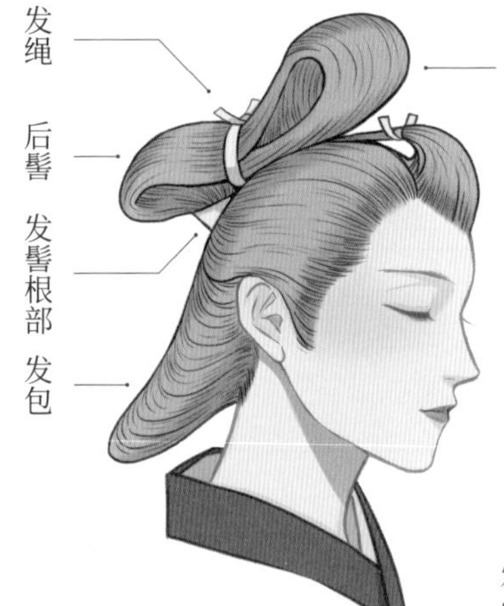
发绳
前髻
后髻
发髻根部
发包

发髻根部较低，因为前髻很大，所以叫大岛田髻。

江户初期，起源于女孩子对阿国歌舞伎中男装若众髻的模仿。有种说法是，『岛田』的名字来自『将束起的发髻弯曲后固定住』中，『弯曲后固定』的谐音。也有的说是因为这种发髻最早是骏河国岛田宿的游女扎的。

【对兵库】

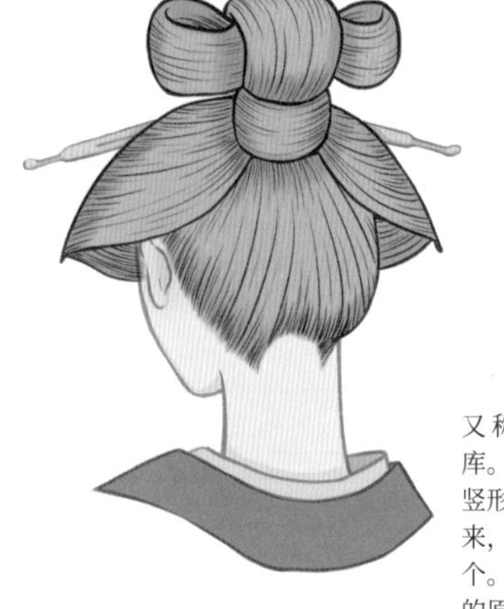

又称横兵库、双兵库。随着时代变迁，竖形的兵库髻倒了下来，发圈也变成了两个。这是伊达兵库髻的原型。

【发梳卷】

不用发梳绑住，而是拧一下之后插上梳子，将发梢卷在发束根部，是种简便的扎法。

【伊达兵库髻】

提到花魁的发型，大概有很多人会想到伊达兵库髻。这是江户时代后期游女的发型。把一对兵库的发圈像蝴蝶一样展开，就变成了这种形状。

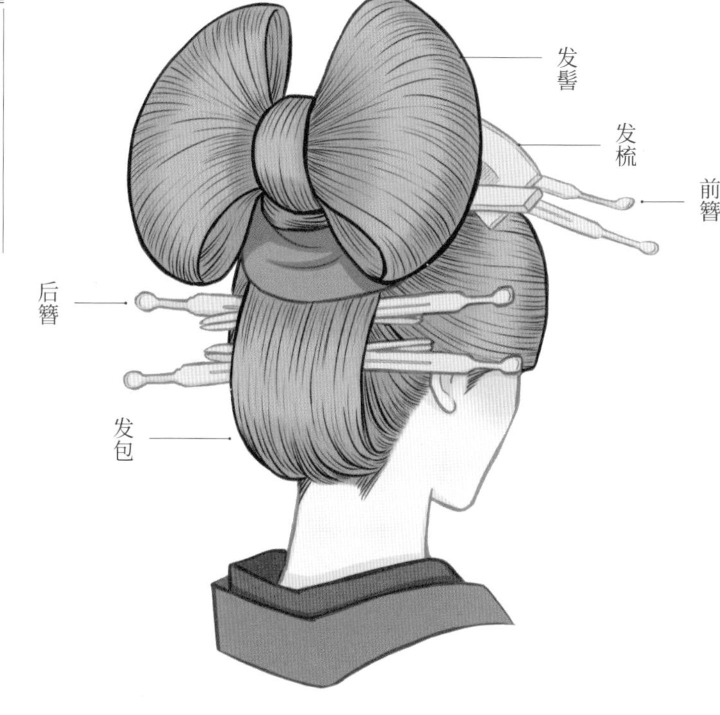
发髻
发梳
前簪
后簪
发包

【结绵髻】

人们认为游女的发型就是兵库髻，这种印象很强烈，不过岛田髻的声望也是难以撼动的。这种结绵髻是在松散岛田髻上扎上鹿皮花纹扎染发带。

结绵原指中间用绳子扎住的几束交叠的丝绵。因为形状与结绵相似，因此得名结绵髻。

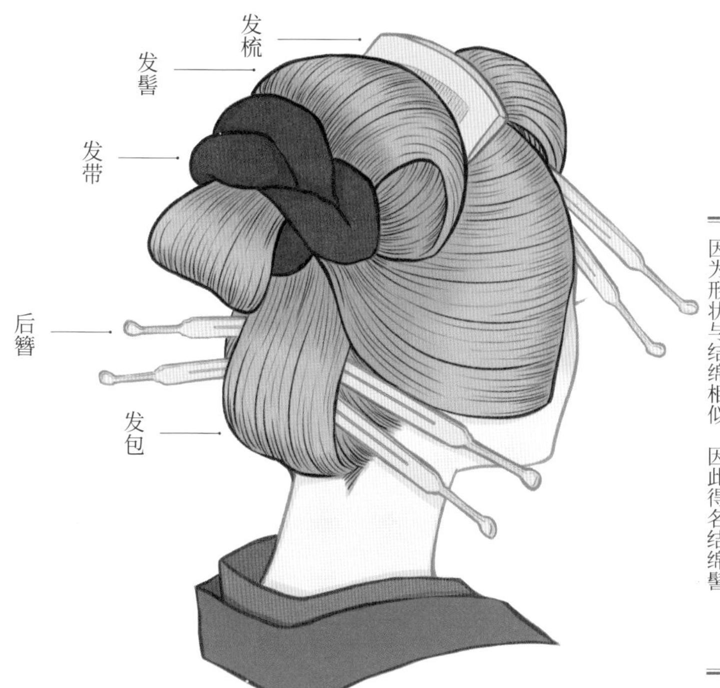
发梳
发髻
发带
后簪
发包

学徒少女的时尚

学徒少女是指在花街一边照顾游女前辈，一边修行的少女。姐姐们会像比赛一样各自打扮自己的学徒。成年人不用的善良花簪装点着少女时代。

还是芥子头的小学徒，菊花簪尺寸也比较小

高岛田髻搭配松树与樱花的对簪，并配有垂挂的装饰物，特别豪华

❖出自喜多川歌磨《松叶屋内喜濑川》

❖出自喜多川歌磨《若那屋内白玉》

高岛田髻搭配菊花簪，扎在额发上的缎带也是只适用于少女学徒的

二折发髻搭配大牡丹假花

❖出自鸟文斋荣之《若菜初模样 扇屋泷桥》

❖出自歌川芳盛《艳色全盛集 金兵卫大黑内今紫》

随花魁游街时的学徒装束，华丽程度不输花魁前辈。和服的花纹有的与姐姐的裲裆配套，有的采用与姐姐的花纹相关的设计。房子的经济实力决定一切，此言不假。

花簪
肩褶
豆荚扣（▼52页）
振袖
绯红色绉纱襦袢
豆荚扣
涂黑的啪嗒木屐（▼108页）

❖出自鸟居清长《东风俗略十种香》

三件套的振袖也是学徒少女时尚的特色。用绯红色或紫色等华丽的颜色打扮。腰带系在背后，系成一字结、水木结、竖结等（▼100页、101页）

袖口饰有缎带一样装饰物（豆荚扣）的广袖，是花街少女时尚的特色。

❖出自二代目喜多川歌磨《松叶屋内景象》

游女的腰带系法

初期至中期时，平民的腰带系在身前背后皆可。渐渐地，前结变得影响活动，后结成为主流。不过，游女的腰带还是统一系在前面。

在振袖上把腰带系在身前的振袖新造。振袖与前腰带的搭配是仅见于吉原的风俗

❖出自鸟居清长《青楼四季十二花形 京町一丁目鹤屋内照镜》

关于为什么要把腰带系在前面，有各种说法，有的说是为了在外出时展示华丽的腰带，有的说是过去已婚者将腰带系在前面的习俗的遗留形式。

❖出自歌川国贞《北国五色墨（花魁）》

到江户时代初期为止，说到雨具，就是指戴在头上的斗笠和像斗篷一样披在身上的蓑衣。雨伞到中期之后才普及。雨伞起源自贵族晴天撑的华盖（长柄丝绸伞）。花魁游街时打伞就是对这种风俗的模仿。

蓑笠

晴雨两用、男女通用的雨具。雨伞普及后，变成旅行专用行头。

番伞

平常使用的廉价雨伞。始制于天和时（十七世纪下半叶）大阪的大黑屋。上面印着圆形的印，因此有“番伞”的名字是来自“判伞”的说法，也有的说是为了出租而写有番号，所以叫番伞……各种说法不一。

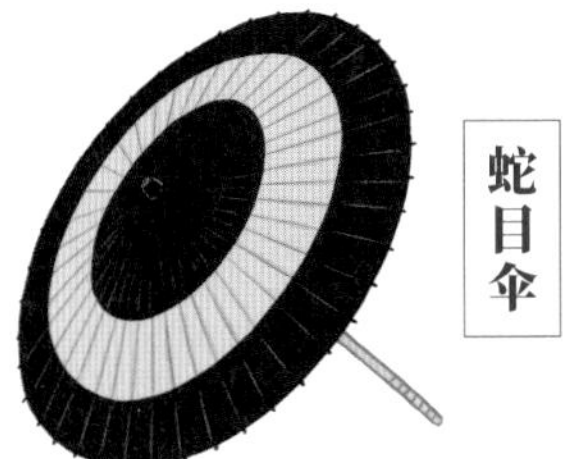

蛇目伞

标准的和伞。在现在和过去都很受欢迎。据说是在元禄（十七世纪末）时出现的。由番伞改良而成的高级品，因为图案像蛇的眼睛而得名。

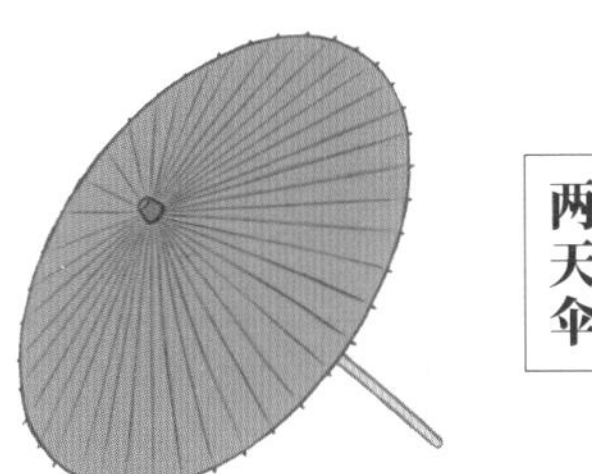

两天伞

雨天晴天都能用。
没有桐油纸，也没有涂漆，一般作阳伞用。贴着鼠灰色的纸，涂有薄薄一层油。

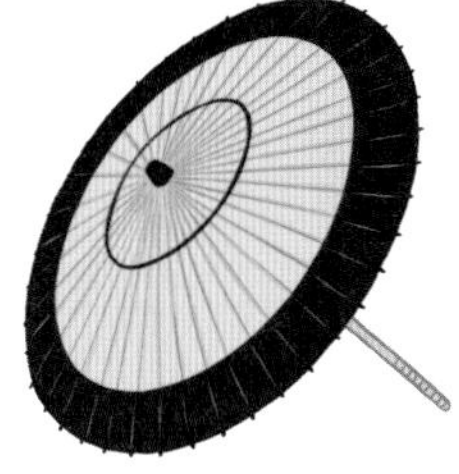

奴仆蛇目伞

中间不全部涂黑、只把边缘涂上黑色的蛇目伞。

桐油纸

对于雨天用的番伞来说，伞头的桐油纸是必不可少的！没有这个的话，雨水就会把伞弄坏。

涂上漆，进行防水加工。江户时代的蛇目伞没有桐油纸

写在最后

在日本历史中，最接近现代和服的是室町时代的和服，把过去作为内衣穿着的『小袖』变成了外衣。之后，随着时间的推移，江户时代迎来了小袖的成熟期。和服不分男女老幼、贫富贵贱，呈现出多种多样的面貌，说江户时代是和服的全盛期也不为过。大正至昭和时期的和服在社会上很受欢迎（这是我个人的见解），但对江户和服感兴趣的人却很少，这让我感到难以理解，所以才绘制了本书中的图画。

在社交网络上发表后，得到了超乎想象的良好反应，原来喜欢江户和服的人有这么多啊……太好了！这种放心了的感觉，是任何东西都无法改变的喜悦。

那些图画能变成这样一本书，我至今仍难以相信。人生真是什么都有可能……我感觉都要飞上天了。给了我这次机会的出版社的各位，在此向你们表示莫大的感谢。

此外，我只是一个略知皮毛的江户爱好者，而监修的丸山伸彦老师对我的图画和文字做了仔细的增删修改，毫不吝啬地将知识传授给我，我想向丸山老师表示崇高的感谢。

抚子凛

第 6 页
振袖：未婚女性穿着的长袖礼服和服。
振：女式和服从腋下至袖口不缝合的部分。
青海波：古典图案之一，蓝色配淡青色的波浪形花纹，由雅乐《青海波》演出时舞服上的图案得名。

第 7 页
羽织：和服外褂或短外褂。
若众髻：为了体现专名，这里的若众没有翻译成『少年』。

第 12 页
股引：细筒裤。

第 13 页
弁庆格纹：用茶色、藏青色等两种颜色织成的宽窄相同的棋盘状花纹，因花纹符合男子身份，故名。
钉拔纹：钉起子图案。
一字包头巾：钵卷。
麻叶图案：古典图案之一，以正六角形为基本图案。

第 14 页
助六：助六即曾我五郎，出自歌舞伎十八番之一的《助六所缘江户樱》。
观世水花纹：漩涡状的水流图案，最初是能乐观世流的家纹，故名。

第 15 页
捋腰带：用窄幅布直接捋成的和服腰带。
大姐式：把手巾中央贴在额头，两端绕到脑后，折起盖在头上。妇女打扫卫生时多用此包头发，故名。
光琳风的千鸟图案：圆胖的千鸟图案。光琳指江户中期的画家尾形光琳。

第 16 页
御高祖头巾：兴起于江户时代的女性用御寒头巾。

第 17 页
浴衣：单层和服。

第 18 页
叠粘布手工艺品：日本的传统手工艺品。用薄绸、缎子等的小块布叠成立体状并粘起来，制成发簪、小包等。

第 19 页
若汤：新年第一次烧的洗澡水。

第 20 页
啪嗒木屐：主要为少女穿着的一种低齿木屐，有高度，底部剜出一部分，走路时会发出啪嗒声。

第 22 页
市松纹：由颜色差异大的两色正方形交替排列而成的图案。
网代纹：像竹席、苇席等那样斜着或纵横交叉编成的纹理。

第 28 页
风物诗：在季节中具代表性、能让人联想到某个季节的事物。
飘带式手巾：手巾作为头饰的一种用法。女性用时将手巾盖在头上，垂下来遮住脸，其中一边叼在嘴里。

第 30 页
御所：皇室的住所。

第 32 页
月代头：室町时代之后的男性发型，剃掉从额头到头顶中央部分的头发。

第 34 页
元服：男子的成人仪式。

第 35 页
腰部衬板：衬垫在男式和服裤裙后面垫腰的板，纸质包布，可防止和服穿着时起皱。

第 38 页
莳绘：漆工艺的一种，用漆画好图案后，再粘上金、银、锡、色粉等。
螺钿：将贝壳有珍珠光泽的部分磨薄，在漆器上镶嵌出图案，奈良时代由中国唐朝传入。
金贝：用金、银、锡等薄金属板切割出来的花纹装饰漆面。

第 45 页
肩衣裤：无袖短外衣和服裙裤。

第 47 页
花菱：由四个菱形组成，形似花朵。

第 48 页
女中：侍女。

第 49 页
雪轮纹：家纹的一种，将六角雪花绘成圆形，常作为其他图案的轮廓使用。

第 53 页
听吉事：日语中世、纪、琴、菊连起来读与『听吉事』谐音。

第 54 页
平绪：系在腰间的带子，挂饰剑用。

第 55 页
中启：举行仪式时使用的扇子，扇骨上端向外弯，扇子折起时上端仍呈半开状。
风折乌帽子：文官专用的折顶乌帽子。
菊缀：菊花形钉扣，用于加固与装饰接缝处。
大帷子：穿在直垂里面的衣服，用糨糊处理过变得挺括的白布制成。

第 57 页
狩衣：原为狩猎时穿着，故名。现为神官的服装。
指贯：一种裤腿肥大、裤脚有束带的和服裤。

第 58 页
五节：一年中重要的五个节日：1月7日(人日)、3月3日(上巳)、5月5日（端午）、7月7日（七夕）、9月9日（重阳）。

第 60 页
御台所：将军夫人。

第 61 页
奥女中：内勤侍女。

第 72 页
女形：歌舞伎中男扮女装的演员，江户初期禁止女性在舞台演出后产生。又作女方。
路考：路考是各代濑川菊之丞的俳名（歌舞伎演员创作俳句时用的雅号）。

第 78 页
白拍子舞：平安末期出现的一种歌舞，通常是游女或儿童着男装歌舞。

第 82 页
细筒裤：原文为『股引』。

第 91 页
镰刀圆环ぬ字：这三个元素连起来读与『構わぬ』（没关系、不要紧）谐音。
三升：大、中、小三个方形斗嵌套在一起的图案。

第 92 页
立女形：剧团里女形中最高位的演员。

第 93 页
祇园守：中间为八坂神社护身符，四周饰有披肩和喇叭形图案。

第 115 页
鹿皮花纹：奈良时期发展出一种布料绑染法，染出的布料花纹如鹿身上的斑点。

第 129 页
白无垢：日式婚礼上新娘穿的礼服。

第 131 页
半缠：类似羽织的短和服上衣，无胸带，不翻领穿着。

第 138 页
芥子头：幼儿发型，只有头顶有头发，或是只有后脑勺和前额有头发。

图书在版编目（CIP）数据

江户时尚图鉴 /（日）抚子凛著；张子祎译．-- 成都：四川美术出版社，2023.9

ISBN 978-7-5740-0497-9

Ⅰ．①江… Ⅱ．①抚… ②张… Ⅲ．①服饰文化—日本—江户时代—图集 Ⅳ．① TS941.743.13-64

中国版本图书馆 CIP 数据核字 (2023) 第 047885 号

江户时尚图鉴
JIANGHU SHISHANG TUJIAN
[日]抚子凛 著　张子祎 译

责任编辑： 陈　娟
责任校对： 谭　昉　黄晓波
排版设计： 姚　芳
责任印刷： 黎　伟

出版统筹： 贾　骥　宋　凯
出版监制： 张泰亚
特邀编辑： 朱佩琪

出版发行： 四川美术出版社有限公司（成都市锦江区工业园区三色路238号 邮政编码：610023）

印　　刷： 北京盛通印刷股份有限公司
成品尺寸： 148mm×210mm
印　　张： 4.625
字　　数： 80千
版　　次： 2023年9月第1版
印　　次： 2023年9月第1次印刷

书　　号： ISBN 978-7-5740-0497-9
定　　价： 68.00元

企业官方微信公众号